Kyoto

천천히 교토 산책

원경혜 지음

걷고 맛보고 즐기는
나만의 교토 여행

BOOKERS

春子
白川
みの家

御神酒

Prologue

교토의 시간은 천천히 흐른다

한낮의 떠들썩함, 밤의 흥청거림을 지나 사람들의 발길이 끊긴 이른 아침. 고요한 거리를 감싼 시원한 공기, 이마를 맞대고 늘어선 전통 가옥의 처마, 졸졸 흐르는 개울 위로 가지를 늘어뜨린 버드나무, 어디선가 또각거리는 나막신 소리가 들려올 것만 같은 돌바닥. 조식을 먹기 전 잠시 걷는 이 시간은 내가 교토를 좋아하는 이유 중 하나다.

도쿄가 감각의 도시라면, 교토는 감성의 도시. '올드 시티' 교토가 지금까지도 사람들에게 사랑받는 이유는 전통 속에서 끊임없이 아름다움을 발견하고 지켜냈기 때문이다. 가장 오래된 것에서 가장 신선하고 세련된 것을 만나는 즐거움은 나의 감성을 끊임없이 일깨워준다.

794년부터 도쿄 천도가 이뤄진 1869년까지 일본의 도읍으로서 최고의 영광을 누린 도시 교토는 천 년의 시간 동안 가장 안정적이고 화려한 도시였다. 도쿄로 수도를 옮긴 것은 불과 150년밖에 되지 않았으니 교토에는 지금도 과거의 영광이 유전자처럼 각인되어 있다. 화려하되 과하지 않고, 세련되지만 차갑지 않다. 단정한 아름다움 속에 번뜩이는 아이디어가 있고, 세월을 지켜온 전통 속에 시대를 초월한 미의식이 있다.

교토에 흐르는 다양한 감성을 느끼려면 절대 서두르지 말 것, 천천히 걸으며 음미할 것, 욕심을 내려놓고 교토의 시간을 따라갈 것. 교토를 여행하는 사람들에게 내가 꼭 해주고 싶은 이야기다. 전통 가옥이 늘어선 아름다운 거리와 오랜 역사의 사찰과 건축물, 그리고 맛있는 음식들. 교토에는 가고 싶은 곳이 너무나 많아서 명소를 도는 것으로 일정을 채워 버리기 일쑤다. 하지만 교토는 천천히 걸을 때 비로소 진면목이 보이기 시작한다. 느릿느릿 걷고, 맛보고, 느끼는 여행이야말로 이 도시를 사랑하는 방법이다.

'인기' 명소라는 말에 집착할 필요도 없고, 계절, 시간, 날씨에 구애 받을 필요도 없다. 비 오는 날마저도 교토를 걸을 이유는 충분하다. 빗물에 촉촉히 젖은 이끼 정원은 선명한 초록빛을 더하며 생기를 띠고, 전통 가옥 마치야의 처마를 두드리는 빗방울 소리는 나의 발걸음처럼 경쾌하다. 싱그러움을 발산하는 초여름의 비 내리는 날, 교토는 나에게 또 다른 표정을 보여준다.

자, 이제 교토를 걸을 시간이다.

Contents

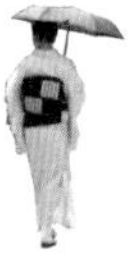

5 잊을 수 없는 교토의 맛

시간이 빚어낸 아름다움,
정원과 사찰

료안지

무린안

도후쿠지

고묘인

시게모리 미레이 정원미술관

겐닌지

쇼렌인

수수께끼에 둘러싸인 비밀의 정원

료안지

龍安寺

교토에 많은 정원이 있고 인상 깊은 석정도 많지만 그중에서도 료안지의 석정은 사람들의 호기심을 불러일으키는, 비밀에 둘러싸인 정원이다.

교토 북서쪽, 원래 귀족의 별장지였던 땅에 료안지가 세워진 것은 무로마치 시대인 1450년. 무로마치 시대는 세상에 대한 일체의 집착을 버리는 선 문화가 크게 번성하던 시대였다. 그래서 이때 창건된 대부분의 사찰에는 바위와 자갈을 사용하는 추상적인 고산수 정원枯山水庭園(석정)이 만들어졌고, 료안지도 그중 하나다.

석정은 1499년 방장이 건립되었을 당시 조성된 정원으로 알려져 있는데, 대체 누가 언제 만들었는지는 아직도 수수께끼로 남아있다. 그렇다 보니 이 석정의 해석 또한 사람마다 제각각. 정원을 만든 의도에 선종 사찰의 와비사비侘び寂び(간소함을 바탕으로 인생무상을 아름답게 느끼는 미의식이자 깨달음) 정신이 바탕이 된 것이 아닐까 추측할 뿐이다.

란덴 료안지역에서 도보 11분
3~11월 08:00~17:00, 12~2월 08:30~16:30
600엔(고등학생 500엔, 초중학생 300엔)
京都市右京区龍安寺御陵下町13
075-463-2216
www.ryoanji.jp

진실을 알 수 없기에 더욱 신비로운 정원

고산수 정원은 보통 돌을 섬으로 보고 흰 자갈밭에 선을 그려 물의 흐름을 표현한다. 료안지의 석정은 가로 30미터, 세로 10여 미터의 직사각형의 흰 자갈밭 위에 크기가 각기 다른 15개의 바위를 배치한 75평 남짓의 정원. 바위가 5개, 2개, 3개, 2개, 3개씩 각각 나뉘어 배치되어 있다. 이 배치는 황금비율이라 불린다. 돌의 배치는 바다에 떠 있는 섬 또는 운해에 떠 있는 높은 산봉우리라고 말하기도 하고, 마음 심心자를 본뜬 것이라고도 하고, 중국의 5대 명산을 본뜬 것이다, 교토의 5대 선종 사찰을 상징한다 등 많은 이들이 다양하게 해석하고 있지만 진실은 여전히 수수께끼로 남아 있다. 호랑이가 새끼를 데리고 있는 것처럼 보인다고 해서 '호랑이 정원'이라고 부르기도 한다.

불완전함에서 오는 아름다움

분명 15개의 돌이 배치되어 있지만 어느 각도에서 보더라도 반드시 14개밖에 보이지 않는 신기한 구조다. 동양에서 완벽을 의미하는 15라는 숫자에서 하나를 뺌으로써 불완전한 정원을 표현하고 있다. 물론 이것도 여러 설 중 하나일 뿐이다.

이 석정에서 또 하나의 수수께끼인 것이 바로 원근법이다. 언뜻 보면 석정은 수평적으로 보이지만 방장에서 볼 때 왼쪽의 안쪽을 향해 기울어지도록 만들어 배수가 잘되도록 한 것이다. 또 방장 기준으로 오른쪽에 있는 서쪽 담장은 앞에서 안쪽을 향해 낮아지도록 설계해 시각적으로 깊이가 느껴지도록 하는 등 당시에는 보기 드문 원근법을 활용한 고도의 기법으로 설계한 것이 놀라운 점이다.

마음을 차분하게 만드는 정원의 힘

석정의 두 면을 둘러싼 높이 1.8미터의 토담은 유채기름을 섞어 반죽한 흙으로 만들어져 '유토담'이라고 불린다. 이 토담은 흰 모래사장에 빛이 반사되는 것을 막고 눈, 비, 바람으로부터 정원을 보호하는 역할을 하고 있다. 마치 그림의 액자처럼 석정을 더욱 돋보이게 해준다.

수수께끼에 둘러싸인 이 석정은 연중 내내 인기가 높지만 그중에서도 수양버들벚나무의 꽃이 만발하는 봄에 가장 붐빈다. 돌담 위에 늘어뜨린 가지 위에 분홍색 벚꽃이 피어나 무채색의 석정과 대조를 이룬다. 마치 한 폭의 그림을 보는 것 같다.

가능하면 이른 아침에 제일 먼저 찾아와 조용히 바라보는 시간을 가져보기를 바란다. 석정에 들어서는 순간 누구나 조용하고 엄숙한 분위기에 압도된다. 방장의 툇마루에 앉아 복잡한 마음을 차분히 가라앉히는 시간을 가진 후에는 여러 지점에서 바라보며 정원의 다양한 표정을 찾는 것도 재미있는 과정이다.

현재에 만족하고 감사하라

석정을 본 후 툇마루에서 코너를 돌면 나오는 아담한 정원에는 엽전 모양의 수수발手水鉢이 나온다. 옛날에 다실에 들어가기 전 손을 씻기 위해 사용했던 것이다. 네모난 물구멍을 중심으로 위에서부터 시계 방향으로 '유오지족唯吾知足'이라고 쓰여있다. '오직 나만의 족함을 알 뿐이다'라는 뜻으로, 풀어 해석하면 '불완전한 것에 불만을 갖지 말고 지금 있는 것에 만족하고 감사하는 마음을 가져야 한다'는 것으로, 불교의 정신이자 다도의 정신이기도 한 지족知足의 가르침을 반영한 것이다.

석정 외의 다른 곳에도 눈을 돌려보자

석정을 품고 있는 건물, 방장 내부에는 사쓰키 가쿠오皐月鶴翁가 1953년부터 5년에 걸쳐 완성한 맹장지 그림이 있는데 용과 북한의 금강산을 그린 것이다. 독수리를 잡으려는 용의 발, 여의주를 움켜쥔 용이 가파른 금강산을 넘는 모습에서 강한 생명력이 느껴진다. 교토 출생의 사쓰키 가쿠오는 생전 18번이나 금강산을 방문했다고 한다. 금강산에 대한 동경을 그림에 담은 것으로 추측된다.

이곳을 방문한 사람들은 방장을 등지고 석정을 바라보게 된다. 보통 석정에 집중하다 보니 방장의 맹장지 그림에까지 눈이 가지 않을 수도 있다. 하지만 관점을 바꾸면 새로운 발견을 즐길 수 있다.

석정과 방장을 둘러보고 나오면 지천회유식 정원인 경용지鏡容池를 만날 수 있다. 료안지 경내 남쪽의 절반을 차지하는 경용지는 료안지가 아직 별장이었을 무렵 귀족들이 연못에 배를 띄워 시와 노래를 즐겼다는 기록이 남아있다. 맑은 날에는 푸른 하늘과 구름이 연못에 비치는 아름다운 광경도 만날 수 있다.

보는 정원에서 체감하는 정원으로

무린안

無鄰菴

시대가 변하면 정원도 변화한다. 교토에는 도읍이던 시절의 옛 정원들도 많지만, 일본의 대표적인 근대 정원으로 손꼽히는 무린안은 정원사들이 가장 사랑하는 정원 중 하나다.

무린안에 들어서면 그동안 교토에서 보아온 정원들과는 확연히 다른 느낌을 받게 된다. 정갈한 분위기와 절제미가 돋보이는 사찰이나 신사의 정원과 달리 무린안은 원칙에 얽매이지 않는 자유로운 분위기. 개인 주택의 정원답게 집주인의 취향을 오롯이 담아낸 개성 있는 공간이다.

무린안은 1894년부터 3년에 걸쳐 조성된, 정치인 야마가타 아리토모山縣有朋의 별장. 교토 최고의 선종 사찰인 난젠지 주변에는 별장들이 많고 별장에 딸린 정원도 많아 '난젠지 일대 별장 정원군'이라는 이름으로 불릴 정도다. 모두 사유지여서 비공개이지만, 유일하게 이곳은 야마가타 가문이 교토시에 별장을 기증하여 대중에게 공개되고 있다.

지하철 게아게역에서 도보 6분
4~9월 09:00~18:00, 10~3월 09:00~17:00
12/29~31 휴무
600엔(벚꽃철, 단풍철, 여행 성수기에는 900엔 또는 1,100엔으로 입장료 변경)
京都市左京区南禅寺草川町31
075-771-3909
murin-an.jp

시대의 변화를 반영한 정원

무린안은 950여 평 면적의 정원과 함께 안채와 양옥, 다실 3개의 건물로 구성되어 있다. 안채 툇마루에 앉으면 히가시야마 산등성이와 푸른 하늘, 졸졸 흐르는 시냇물이 한눈에 들어온다. 히가시야마를 풍경에 넣기 위해 의도적으로 건물을 부지 서쪽에 세우고, 그 정면에 정원을 조성했다. 교토의 옛 정원들이 감상하기 위한 정원이었다면, 근대 정원인 무린안은 산촌의 풍경을 재현해 오솔길을 산책하며 즐기는 체험하는 정원으로 변화했다. 이는 '나'라는 개인의 경험과 감각이 더욱 중요해지는, 시대의 변화가 느껴지는 부분이기도 하다.

당시로서는 파격적인 시도

별장의 주인이며 메이지유신의 대표적인 정치인 중 한 명인 야마가타 아리토모는 당대 교토의 대표 정원가 가문의 7대손인 젊은 후계자 오가와 지헤小川治兵에게 정원을 의뢰했다. 정원과 건축, 조경에 일가견이 있던 야마가타는 당시 35세의 젊은 오가와에게 세세하게 지시를 내리고 자신의 의견을 고집해 정원을 만들었다고 한다. 당시로서는 매우 참신한 아이디어들이 가득했던 야마가타의 정원 디자인은 젊은 오가와에게 새로운 영감을 주었음에 틀림없다.

지금은 당연하게 느껴지는 잔디이지만 당시 교토의 정원에서는 볼 수 없던 것이기에, 요코하마 사람인 야마가타가 교토 정원의 틀을 깼다고 큰 화제가 되었다고 한다. 잔디밭에는 굉장히 완만한 경사를 만들어 멀리 보이는 히가시야마에서부터 연결되는 듯한 느낌을 표현했다.

시간이 빚어낸 아름다운 변화

이전까지는 연못을 바다로, 바위를 섬으로 보는 상징주의적 정원이 교토 정원의 대세였다면, 무린안 정원은 멀리 히가시야마를 배경으로 하여 밝고 개방적인 잔디밭과 경쾌한 물줄기를 가진 자연주의적인 정원이다. 무린안 이후의 정원은 모두 무린안을 본뜬다는 기록이 있을 만큼 근대 일본 정원의 선구자적 역할을 한 곳이고, 작정 초기부터 높은 평가를 받은 정원이다.

별장의 주인인 야마가타 아리토모는 상당한 정원 애호가로 스스로 정원을 설계할 능력을 갖춘 사람이었고, 정원에 대한 자신의 취향이 확실했다. 사실 교토 정원의 정수는 이끼의 아름다움이라고도 할 수 있는데, 야마가타는 잔디를 좋아했다. 무린안의 밝은 잔디는 당시 영국의 자연 풍경식 정원이나 일본 마을 풍경에 가까운 것이었다. 그러나 정원 조성 후 얼마 지나지 않아 습도 높은 환경에서 이끼가 잔디보다 우세하게 되었다. 푸른 이끼 속에 이름 모를 풀꽃들이 피어나는 모습에 야마가타도 시간이 지날수록 그 아름다움을 받아들이게 되었다. 현재는 50여 종의 이끼가 마치 벨벳처럼 깔려있다. 시간이 빚어내는 아름다움이란 이런 것이다.

걸으면서 발견해가는 숨은 매력들

정원을 걷다 보면 바닥에 동그랗고 큼직한 디딤돌이 깔린 곳이 있다. 이곳에 잠시 멈춰 고개를 들어보자. 히가시야마를 배경으로 정원 전체가 아름답게 보이는 뷰포인트다.

정원의 중간 지점에서 잠시 뒤돌아보면 정원 속에 안겨있는 듯한 안채의 풍경이 정겹게 느껴진다. 얼마 걸어오지 않은 듯한데 안채가 생각보다 멀게 느껴지기도 한다. 실은 안채 쪽보다 이곳의 땅이 1미터 정도 높게 조성되어 있다. 땅의 높낮이 차이를 둠으로써 깊이 있는 공간과 입체감을 만들고 있는 것이다. 정원 안쪽에는 연못이 있는데, 땅의 높낮이 때문에 안채 쪽에서는 이 연못이 보이지 않고 숨어있는 점도 재미있다.

정원을 걷다 보면 처음에는 개방적인 공간이었다가 안으로 걸어 들어갈수록 나무들도 커지고 숲처럼 깊어진다. 마치 마을에서 들로, 들에서 산으로, 더욱 깊은 산으로 들어가는 식으로 구성되어 있다. 가장 안쪽 막다른 곳에 다다르면 울창하게 우거진 숲속 같은데, 거기서 홀연히 작은 3단 폭포가 나타난다. 정원을 걸으며 들렸던 경쾌한 물소리는 이곳에서 들려온 것이었나 보다.

안채에서의 티타임도 즐겁다

정원을 둘러보고 나면 안채의 다다미방에 앉아서 창밖으로 정원의 모습을 감상하는 시간을 가져보자. 이곳에서 차와 디저트 세트(1,200엔)를 맛보며 여유로운 시간을 즐길 수도 있다. 보통 사찰의 정원에서는 말차와 화과자 세트를 제공하는 것이 일반적인데, 이곳은 '정원 카페'라는 이름처럼 커피, 맥주, 와인 등 메뉴가 다양하다. 같이 즐길 수 있는 디저트도 화과자부터 도라야키, 케이크, 모나카 아이스크림, 피스타치오 같이 여러 종류이니 어울리는 조합으로 주문해보자.

TIP.

양옥의 2층은 1903년 이토 히로부미, 야마가타 아리토모를 포함한 4명이 러일전쟁을 시작하기 전 외교방침을 논의한 무린안 회의에 사용된 방이라 씁쓸함을 감출 수 없다.

정원 예술가 시게모리 미레이를 따라가는 여행

일본 정원의 역사에서 가장 사랑받는 조경 건축가 시게모리 미레이(重森三玲, 1896~1975). 관서 지방 곳곳에 그가 설계하거나 복원한 정원들이 많은데, 그중에서도 교토에만 12곳이 집중해있다.

그는 끝없는 탐구심과 탁월한 미의식으로 일본 전통 정원의 개념을 재정립한 정원의 예술가로 평가받고 있다. 평생 '영원한 모던'이라는 감성을 창작의 바탕으로 삼으며 시대를 앞서간 그는 독자적인 심미안으로 가장 전통적이면서도 가장 현대적인 정원을 만들었다.

시게모리 미레이는 1930년대 꽃꽂이, 다도 등 일본의 전통 예술을 배우고 일본 전국의 옛 정원을 조사하며 독학으로 연구하다 고산수 정원 양식에 매료되어 스스로 정원을 설계하게 된다. 그는 전통 기법을 중시하면서도 기존의 고정된 가치관이나 형식에 얽매이지 않고 독자적인 심미안으로 일본 정원에 새로운 트렌드를 불러온 인물이다. 그가 창작의 모토로 삼은 '영원한 모던'이란 옛것에 시대를 초월한 새로움이 존재한다는 믿음이었다.

정원뿐 아니라 건축에도 조예가 깊어 정원과 서원, 다실, 울타리, 맹장지, 마루 등에 현대적인 감각을 가미해 공간을 구성했다. 건축과 정원의 융합이야말로 그가 추구한 예술의 생활화, 생활의 예술화를 구현하는 바탕이 되었다. 그가 정원 건축가로서 활동했던 1940~60년대는 일본이 급격히 서구화되며 전통문화가 과거의 것으로 퇴색하던 시절. 그런 시대 흐름 속에서 그는 고전에서 시간에 소비되지 않는 아름다움을 찾아 재구성했고, 이는 그의 작품이 높이 평가받는 이유이기도 하다.

다도가로서도 정원 건축가로서도 당시에는 주류가 아닌 비주류 예술가였던 시게모리 미레이. 상식에 얽매이지 않고 지치지 않는 창작 의욕에 가득찬 크리에이터였던 그의 세계관이 담긴 정원들을 둘러보는 것은 교토 여행의 즐거운 테마가 될 것이다.

지금 봐도 혁신적인 시게모리 미레이의 데뷔작

도후쿠지

東福寺

교토의 5대 선종 사찰 중 하나로 1236년 세워진 도후쿠지. 이곳에 가면 웅장한 가람의 규모에 놀라게 되는데, 이는 당시 교토에서 가장 큰 규모의 가람을 목표로 건설했기 때문이다. 사찰의 규모가 워낙 큰 탓에 정원의 총 규모만도 1,000평에 이른다.

도후쿠지 최고의 볼거리인 본방 정원은 정원 건축가 시게모리 미레이가 설계해 1939년 완성되었다. 이곳이 더욱 특별한 이유는 바로 그의 데뷔작이기 때문이다. 그가 43살에 처음 설계해 완성한 본방정원은 가마쿠라 시대의 정원 양식을 기본으로 현대 예술의 추상적 개념을 도입한 근대 선종 정원의 백미로 손꼽힌다. 재미있는 점은 정원을 만드는 재료는 본방에 원래 있던 재료들을 버리지 않고 재활용해야 한다는 조건이 있었다는 것이다. 이는 일체 낭비를 해서는 안 된다는 선종의 가르침에 따른 것으로, 이런 제약이 있었기에 역설적으로 참신한 아이디어가 나올 수 있었을지도 모른다.

게이한 도후쿠지역에서 도보 10분
4~10월 09:00~16:30, 11월~12월 첫째 일요일 08:30~16:30,
12월 첫째 월요일~3월 09:00~16:00(폐문 30분 전에 입장 마감)
본방정원 일반 500엔, 초중학생 300엔
본방정원·통천교·개산당 공통권 일반 1,000엔, 초중학생 500엔
(11/11~12/10은 공통권 판매 중지)
京都市東山区本町15丁目778
075-561-0087
tofukuji.jp

위_차별된 레이아웃이 독창적인 남쪽 정원
아래 왼쪽_별자리를 정원에 구현한 동쪽 정원
아래 오른쪽_큰 체크무늬 정원이라 불리는 서쪽 정원

개성 넘치는 4개의 정원

본방 정원은 주지 스님의 거처인 본방을 빙 둘러싸고 있는데, 동서남북에 4개의 정원으로 이뤄져 있다. 처음 마주하게 되는 것이 고산수 정원인 남쪽 정원이다. 넓은 바다를 뜻하는 흰 자갈밭 위로 동쪽에는 선인이 사는 섬을 표현한 큰 바위를 배치하고, 서쪽에는 교토의 5대 선종 사찰을 뜻하는 이끼 언덕을 만들었다. 여러 개의 큰 돌을 배치한 가운데 눈에 띄는 것이 6미터 길이의 긴 돌을 옆으로 눕혀 놓은 것이다. 이는 기존에 전혀 보지 못한 형태로, 모두 위로 솟은 바위들 사이에서 절묘하게 균형을 이루고 있다. 서쪽의 이끼 언덕은 일절 돌을 사용하지 않고 산의 크기와 높이를 다르게 해 조형미를 추구했다.

남쪽 정원에서 이어지는 동쪽 정원은 규모가 작은데 흰 자갈밭 위에 돌기둥 7개가 박혀있고 그 주변에는 이끼가 깔려있다. 이 돌기둥 또한 본방에 있던 폐자재를 재활용한 것이다. 돌기둥은 북두칠성을 상징하는데, 정원에 별자리를 이용한 것은 일본 정원 최초였다. 돌기둥은 각기 높이를 다르게 함으로써 단조로움을 피하고 리드미컬하게 구성했다.

서쪽 정원은 네모나게 깎은 영산홍이 대담하게 배치되어 있는데 '큰 체크무늬 정원'이라고 불린다. 네모나게 다듬은 영산홍은 갈석(사찰 가장자리에 쓰이던 길쭉한 돌)으로 둘러싸여 있다. 본방에 남아있는 갈석을 정원에 재활용해야 하는 상황에서 고심해 낸 아이디어가 바로 체크무늬였던 것. 이런 바둑판 무늬는 일본의 전통 문양으로 마루나 맹장지 등 건축에도 많이 사용되는데, 이를 정원에 도입한 것은 당시로서는 파격에 가깝다.

북쪽 정원이 가장 사랑받는 이유

북쪽 정원은 본방정원에서도 가장 유명한 정원으로 이끼와 판석을 깔아 '작은 체크무늬 정원'이라고 부른다. 이는 서쪽 정원의 큰 체크무늬 정원이 이곳에서 작은 체크무늬가 되고 그것이 곧 무너지며 하나씩 줄어들다가 사라지는 모양새로 되어 있다. 이런 아이디어는 시게모리 미레이가 일본화를 공부한 데서 영향을 받은 것인데, 회화에서는 경계 부분을 흐림으로써 다양한 표현을 할 수 있지만 정원의 세계에서는 그것이 불가능하니 이를 어떻게 표현할지 고민한 결과 이렇게 참신한 표현이 나올 수 있었던 것이다. 물론 시기에 따라 이끼가 무성해져 경계 부분을 이끼가 뒤덮기도 하는데, 이러한 자연의 변화를 받아들이는 것 또한 선종의 가르침에 따르는 것이고 그 상태로도 충분히 아름답다.

43세였던 젊은 시게모리의 열정과 상상력이 담긴, 당시로서는 볼 수 없던 참신한 디자인으로 '영원한 모던'을 추구한 그의 예술적 감성을 가장 잘 구현해낸 정원이라고 볼 수 있다.

단풍과 녹음이 아름다운 통천교

정원도 아름답지만, 도후쿠지에서 또 하나의 절경으로 여겨지는 다리를 절대 놓칠 수 없다. 도후쿠지에는 다리가 3개 있지만, 그중에서도 으뜸은 바로 통천교通天橋. 가장 전망이 아름답고 가장 포토제닉해 단풍이 물드는 가을에는 발 디딜 틈 없이 사람들로 꽉 찬다. 통천교에 올라 다리 아래를 내려다보면 경내가 온통 불타는 것처럼 붉게 물든 잊지 못할 장면을 마주하게 된다. 꼭 단풍철이 아니어도 푸른 녹음이 가득한 봄에 가봐도 좋다. 싱그러운 풀내음과 함께 시야 가득한 초록초록한 경내의 풍경에 마음이 편안해진다.

마음의 평화를 주는 고요함과 웅장함

고묘인

光明院

도후쿠지 주변에는 탑두 사원(주지를 지낸 고승이 생활하던 암자)이 25곳이나 있다. 그중에서도 고묘인은 특히 건축과 정원이 무척 아름다운 곳이다. 규모가 아담하면서도 볼거리가 많고, 사람이 붐비는 곳도 아니어서 차분하게 시간을 보내며 천천히 감상할 수 있어 더욱 즐겁다.

고묘인은 1391년 세워졌으니 600년 넘은 오래된 곳이다. 건물 안쪽에 자리한 파심정波心庭은 시게모리 미레이가 설계한 정원으로, 도후쿠지 본방정원과 함께 1939년에 만들어졌다. 돌과 이끼가 멋진 조화를 이루는 파심정은 흰 자갈밭 위에 세 개의 바위(삼존석 三尊石)를 기준으로 여러 바위들이 사선으로 늘어서 있다.

파심정은 번뇌를 물리치면 달(불심)이 파도에 비친다는 콘셉트가 정원 설계의 바탕이 되었다고 한다. 유독 색이 어두운 바위는 모래, 이끼와 더욱 명백한 대조를 이루며 아름다움 속에서 웅장하면서도 고요하고 생명력마저 느껴지는 묘한 분위기를 내뿜는다.

게이한 도바카이도역에서 도보 18분
07:00~해질녘
500엔
京都市東山区本町15丁目809
075-561-7317
komyoin.jp

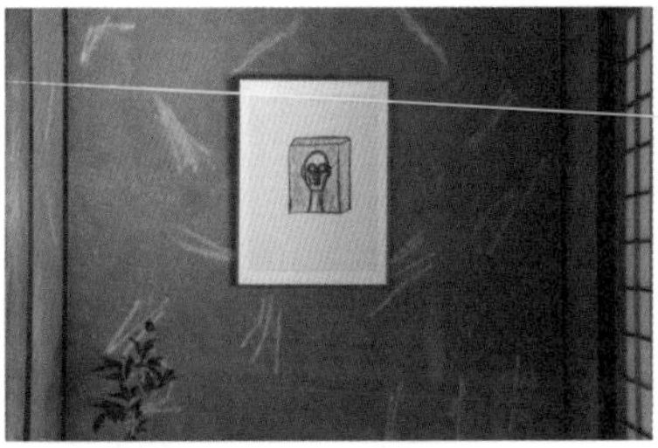

이 석정 뒤로 영산홍과 철쭉이 심어져 있고 그 뒤로 차를 마시는 정자, 나월암蘿月庵이 눈에 들어온다. 나월암은 1957년 시게모리 미레이가 달을 모티프로 직접 설계한 건물. 창문과 벽, 장지문에 그려진 큰 원은 달을 모티프로 디자인했다. 파심정에서 바라봤을 때 동쪽 하늘로 떠오르는 달을 더욱 아름답게 감상할 수 있도록 설계되었다.

일본 회화, 공예 작품들의 기획 전시가 끊임없이 열릴 뿐 아니라 건물 곳곳이 무척 아름답고 어디에서 정원을 바라보느냐에 따라 색다른 풍경을 즐길 수 있어 추천하는 곳이다.

오직 자신을 위해 설계한 정원

시게모리 미레이 정원미술관

重森三玲庭園美術館

요시다 신사의 옛 사택의 서원이었던 단층 목조건물로 1789년 세워진 것인데 시게모리 미레이는 이 건물을 스즈키 가문으로부터 물려받았다. 그가 여기서 살았던 것은 1943년. 일 년도 되지 않는 짧은 시간이었다. 그는 74세였던 1970년에 이르러서야 이 서원에서 바라다보이는 전망을 고려해 새로운 정원을 만들었다.

이곳 정원이 뭔가 다르게 느껴지는 이유는 돌이 크고 납작한 모양이라는 점이다. 이 돌은 원래 이곳에 있던 것들로 신관이 요시다 신사에서 의식을 치를 때 절을 하는 예배석으로 쓰였던 것이라고 한다. 아담한 규모의 정원에 상당히 많은 바위들이 겹치도록 배치되어 있다. 그래서 더욱 남성적이면서 강한 이미지의 고산수 정원이 완성되었다. 정원에는 나무도 많이 심어져 있는데 겨울에도 푸르른 상록수들이 대부분이라 사람이 적은 겨울에 방문하는 것도 나쁘지 않다.

데마치야나기역에서 도보 15분
예약 관람제(shima753@hotmail.com), 오전 11시 또는 14시에 시작
월요일, 12/28~1/5 휴무(수요일 또는 목요일 부정기 휴무 있음)
1,200엔
京都市左京区吉田上大路町34
075-761-8776
garden-reservation.amebaownd.com

서원 옆에는 시게모리 미레이가 직접 설계한 다실 호각안好刻庵이 있다. 파도 모양을 표현한 맹장지 그림을 비롯해 맹장지 손잡이와 난간, 못 가리개에 사용한 도자기 등이 모두 시게모리 미레이 본인의 작품이다. 그의 독창적인 미의식을 곳곳에서 만날 수 있다.

TIP.

정원, 서원, 차실 내부를 견학할 수 있는데, 건물 안으로 들어갈 수는 없고 바깥에서 관람하는 방식이다. 자유롭게 둘러보는 것이 아니라 시게모리 미레이의 후손인 관장의 가이드에 따라 정해진 시간 동안 소규모 인원이 견학하는 시스템. 일본어 또는 영어로 자세한 설명을 곁들여주기 때문에 상당히 만족스럽다.

홈페이지를 통해 예약 상태를 확인한 후 이메일로 예약자 이름, 예약일자와 시간, 인원수를 영어 또는 일본어로 적어 보낸 후 예약 컨펌 메일을 기다리면 된다. 최소 10일 전에는 예약해야 한다.

사찰을 감상하는 새로운 방식, 장벽화

교토에는 무수히 많은 사찰이 있는 만큼 무엇을 중심으로 둘러볼지 나만의 주제를 정하는 것도 여행의 즐거움 중 하나다.
예술에 관심 있는 사람이라면 장벽화를 테마로 하는 것도 재미있을 것이다. 장벽화란 일본 건축에서 내부 공간을 구분하는 벽이나 칸막이, 장지문 등에 그린 그림을 뜻하는 말이다. 주로 일본의 성이나 사찰, 귀족의 저택에서 볼 수 있는데, 주로 종이에 그린 후에 붙이는 방식이다. 단순히 장식용이라기보다는 공간의 의미와 부합하는 주제의 그림으로 다양한 형태로 발전되어 왔고 일본 건축에서 매우 중요한 요소이기도 하다.
전통적인 장벽화도 많지만 최근에는 현대 벽화작가나 사진가가 제작한 장벽화도 볼 수 있는 등 그 영역이 더욱 넓어지고 있다.

고대와 현대 예술이 만나는 곳

겐닌지

建仁寺

교토의 중심지인 기온 한복판에 자리한 사찰 겐닌지. 1202년에 세워져 820년 역사를 자랑하는, 교토에서 가장 오래된 선종사찰로, 예술 작품으로 유명하다. 방장 중간쯤에서 볼 수 있는 작품은 바로 맹장지 그림인 〈운룡도雲龍図〉. 약 400년 전 가이호 유쇼海北友松가 그렸는데, 지금 전시된 것은 고정밀 복제화다. 예부터 용은 물의 신으로 불법의 가르침의 비(법우)를 내리게 한다는 비유가 있어 선종 법당에 그리는 일이 많다고 한다. 실제 보면 그 크기와 박력에 압도된다. 당시 용의 발톱은 세 개를 그리는 게 보통이었는데, 이 그림의 용은 발톱이 다섯 개여서 귀하게 여겨진다. 이 방은 과거 겐닌지를 찾은 손님들이 가장 먼저 대기하는 방이었다. 구름 사이로 나타난 두 마리 용이 노려보는 듯한 날카로운 시선에 몸이 움츠러드는 느낌인데, 그것이 실제 이 방에 용을 그린 목적이라고 한다. 방장에서는 그외에도 〈죽림칠현도竹林七賢図〉(정밀 복제화), 〈당자유희도唐子遊戯図〉, 〈소상팔경도瀟湘八景図〉 등 여러 작품을 감상할 수 있다.

방장의 남쪽에 자리한 법당은 수행승들이 부처의 가르침을 배우는 곳이다. 이곳에는 창건 800년을 기념하여 고이즈미 준사쿠小泉淳作가 2002년 완성한 천장화 〈대쌍용도大双龍図〉가 있다. 무려 다다미 108장의 크기로 천장을 올려다보는 순간 규모에 압도되고 용 두 마리가 굽이치며 서로 얽히면서 뿜어내는 에너지에 다시 한 번 압도된다. 앞서 방장의 장벽화에서 본 용이 날카로운 시선을 보내는 데 반해 이곳의 용의 눈은 어딘가 친근하고 부드러운 분위기다.

게이한 기온시조역에서 도보 5분
10:00~17:00(입장 마감 16:30)
일반 600엔, 중고생 300엔, 초등학생 200엔
京都市東山区大和大路通四条下ル4丁目小松町584
075-561-0190

위_현대 염색작가 도바 미카鳥羽美花의 맹장지 그림 〈출항舟出〉으로 특별 기간에만 공개
아래_운룡도

겐닌지에서는 개성 넘치는 세 개의 정원도 놓치지 말자. 방장 앞에 있는 대웅원大雄苑에서는 먼저 석정에서 중심이 되는 가장 큰 바위를 찾아보자. 바위 위로 빗방울이 떨어져 강이 되고 바다가 되고 마지막에는 소용돌이가 되는 모습을 흰 자갈밭에 그려 표현하고 있다. 물방울은 개개인의 마음을 뜻하는 것이다. 정원의 의미를 떠올리며 자신의 마음 속을 살피는 시간이 되면 좋을 것 같다.

푸른 녹음 속 삼존석의 균형감이 두드러지는 조음정潮音庭, 땅(□)과 물(○), 불(△)을 표현한 원 삼각 사각 정원○△□乃庭도 아름답다. 규모가 큰 사찰임에도 수목이 아름다워 아늑한 분위기이기 때문에 경내를 걷는 것만으로도 마음이 맑아지는 것을 느낄 수 있다.

방장 정원인 대웅원

가장 포토제닉하고 모던한 맹장지 그림

쇼렌인

青蓮院門跡

교토에 있는 5개의 문적 사원(왕족이나 관련된 인물이 출가해 주지를 맡는 사찰) 중 하나. 회유식 정원과 맹장지의 모던 아트를 볼 수 있어 최근 여행자들 사이에 인기가 많은 곳이다.
화정전華頂殿을 가득 채운 아름다운 맹장지 그림은 2005년 벽화작가 기무라 히데키木村英輝가 연꽃을 그린 것으로 총 60면이나 되는데 단 두 달 만에 완성했다고 한다. 이 그림은 아교, 칠 같은 전통적인 재료가 아니라 아크릴, 네오컬러 같은 현대 회화의 재료를 사용했는데, '파란 환상', '생명찬양', '극락정토'라는 세 가지 주제를 따르고 있다. 매우 모던하면서도 절의 분위기와 잘 어우러지는 그림이다.
지천회유식 정원인 아이아미의 정원相阿弥の庭은 연못을 중심으로 아와타산의 경사면을 이용한 정원인데, 연못이 푸른색을 띠는 것이 특이하다. 이끼 정원인 기리시마 정원霧島の庭은 봄에는 선명한 핑크색 진달래꽃으로 물들고, 가을에는 붉은 단풍이 들어 무척 아름답다.

시 버스 진구마에 神宮道 정류장에서 도보 3분
09:00~17:00(입장 마감 16:30)
일반 600엔
京都市東山区粟田口三条坊町69-1
075-561-2345
www.shorenin.com

교토의 예술을 만나는 미술관과 박물관

고세라 미술관

훈습관

교토 국립 박물관

노무라 미술관

센비 카기젠 아트 뮤지엄

과거 위에 새로운 이미지를 쌓다

교세라 미술관

京都市京セラ美術館

교토에서 미술관을 딱 한 곳만 간다면, 1초의 망설임도 없이 교세라 미술관을 선택할 것이다. 이곳은 원래 철근 콘크리트를 사용한 근대 건축물에 일본식 지붕을 얹은 독특한 외관으로 오카자키 지역의 상징적인 건물이었던 교토시 미술관. 1933년 개관해 일본의 현존하는 공립 미술관으로는 가장 오래된 건축물이다.

주로 교토 출신이거나 교토와 인연이 깊은 예술가들의 작품을 전시해왔으며, 일본에서도 특히 미술대학이 많은 교토만의 지역 밀착형 전시도 자주 열며 교토인들에게 소중한 예술 문화의 장으로 오랜 세월 사랑받아왔다. 하지만 전시 공간이 협소하고 건물이 노화됨에 따라 개관 80주년을 맞아 리뉴얼이 결정되었다. 2020년 재개관하면서 많은 화제를 낳아 지금까지도 교토에 가면 반드시 들러야 할 명소로 자리 잡았다.

지하철 히가시야마역에서 도보 6분
10:00~18:00
월요일(공휴일이면 개관), 12/28~1/2 휴무
컬렉션 룸 일반 730엔, 초중고등학생 300엔
京都市左京区岡崎円勝寺町124
075-771-4334
kyotocity-kyocera.museum

건축학적 가치가 높은 미술관

미술관 개조를 맡은 건축가 아오키 준青木淳(현 교세라 미술관 관장)과 니시자와 테츠오西澤徹夫에 따르면, 리뉴얼의 콘셉트는 '이미지를 중첩해가는 미술관'. 과거의 이미지 위에 새로운 이미지를 더해가며 다양성을 추구하는 것이다. 이를 가장 잘 구현해낸 곳이 바로 미술관의 입구다. 기존의 정면 현관을 그대로 살리되 좀 더 아래쪽으로 파고드는 새로운 현관을 더해 기능성을 살렸다. 미술관 입구를 지상에서 지하로 내리면서 자연스럽게 미술관 광장은 완만한 경사를 이루는 독특한 스타일이 되었다. 각지지 않은 유려한 곡선의 광장이 거리와 미술관을 부드럽게 연결시켜 미술관의 문턱을 낮추는 역할도 한다. 광장에서는 콘서트나 이벤트가 열리기도 하고 모두를 위한 쉼터가 되기도 한다. 광장의 높이가 거리보다 낮아진 덕분에 헤이안 신궁의 거대한 오토리이(대문)를 로우앵글에서 바라보는 독특한 시선도 가질 수 있게 되었다.

개방감 넘치는 유리 리본

새롭게 건축된 미술관 현관은 전면 통유리로 개방감 넘치는 공간이다. 좌우로 넓게 펼쳐진 모양새여서 '유리 리본'이라 불린다. 입구의 메인 로비를 중심으로 왼쪽에는 뮤지엄 숍인 아트랩 교토ART LAB KYOTO가 자리하고 있다. 이곳은 교토의 미술 전문 출판사인 미쓰무라 스이코 서원光村推古書院과 긴자 츠타야 서점銀座蔦屋書店을 비롯한 4개 회사가 공동 출자한 CCC아트랩이 운영하고 있다. 미술관의 오리지널 굿즈부터 교토의 공예품과 식품, 도서에 이르기까지 교토의 취향 좋은 물건들을 큐레이팅한 점이 돋보인다.

메인 로비의 오른쪽에는 뮤지엄 카페 엔퓨즈ENFUSE가 있다. 카페 음료 메뉴 외에 교토의 식재료로 만드는 식사 메뉴와 피크닉 세트 등을 선보여 미술관을 찾는 사람들에게 또 다른 즐거움이 되고 있다. 테이블에서 통유리창을 통해 보이는 곡선의 광장과 붉은색 도리이까지 색다른 뷰도 흥미롭다.

커뮤니티를 위한 열린 공간

입구에서 큰 계단을 오르면 넓은 중앙홀이 나오는데 이곳은 무료 개방되는 공간이다. 좌우로, 정면으로 그리고 위층으로 전시실이 연결되기 때문에 통로인 동시에 휴식 공간의 역할도 하고 있다. 중앙홀 안쪽으로 더 들어가면 일본정원으로 나갈 수 있다. 사실 정원은 예전부터 있었지만 그동안은 건물 뒤편에 자리해 아는 사람이 별로 없는 숨은 장소였다. 미술관을 리뉴얼하면서 일본 정원 본래의 목적을 살릴 수 있도록 통유리창을 통해 관내에서도 감상할 수 있도록 했고, 밖으로 나가 직접 거닐 수 있도록 개방적인 공간으로 재탄생시켰다.

과거와 미래가 만나는 전시실

기존 본관의 남회랑과 북회랑 전시실에는 국내외 다양한 미술작품을 전시한다. 기획전의 메인 전시는 주로 북회랑에서 열리고 있다. 리뉴얼 공사를 통해 새롭게 지어진 신관의 히가시야마 큐브는 천장 높이가 약 5미터, 약 1,000평방미터의 넓은 공간으로 대형작품이 많은 현대미술 전시를 위해 만들어졌다. 그외에도 신인 작가 위주로 전시하는 더 트라이앵글도 있다.
근현대 교토 예술가를 중심으로 일본화와 서양화, 공예품과 판화, 조각 등 4,200여 점을 소장하고 있는 만큼 시즌마다 전시를 교체하는 상설 전시도 훌륭하지만 신선한 주제의 기획전과 갤러리 토크 등이 자주 열리므로 미리 홈페이지를 꼭 확인한 후 방문하기를 추천한다.

교토의 향을 보고 만지고 느끼고

훈습관

薫習館

300년 역사의 전통 향초 전문점 쇼에이도松栄堂가 운영하는 색다른 콘셉트의 전시관이다. 오직 코로만 느낄 수 있다고 생각하는 향에 대한 개념을 좀 더 다양한 관점에서 해석하고 시각과 촉각, 후각으로 체험하게 해주는 향 박물관인 셈이다.

'향기 산책'을 콘셉트로 하는 상설 전시실 코라보Koh-labo는 다양한 향을 직접 만져볼 수 있는 공간이다. 입구에서 가장 먼저 만나게 되는 것은 신기한 흰색 기둥 5대. 깔때기 같은 구멍에 코를 대고 펌프를 누르면 향초의 원료 본연의 향을 맡을 수 있다. 5대에 모두 다른 원료가 들어있으니 하나씩 체험하며 비교해볼 수 있다. 각기 다른 향을 맡아보고 이 원료가 합쳐지면서 탄생할 새로운 향을 상상해보는 것도 재미있다.

지하철 마루타마치역에서 도보 2분
10:00~17:00
부정기 휴무
京都市中京区真如堂町310
075-212-5590
www.kunjyukan.jp

かおりBOX03

茶と香
源氏香
歌舞伎で学ぶ庶民の香

벽 쪽으로는 큰 목재가 놓여져 있는데, 이는 고급 향료의 재료가 되는 백단나무다. 이 백단나무의 속살은 강한 향기를 내기 때문에 원줄기를 베어 속살을 말려 향료의 재료로 사용해왔다. 이것이 바로 백단향이다. 예부터 진정 효과와 정신집중, 각성작용, 우울증과 불면증 치료에도 사용된 귀한 재료다. 이제 이렇게 큰 백단을 보기란 매우 힘들다고 한다. 직접 만져 질감을 느껴보고 향도 맡아보자.
코라보 중앙에는 천장에서 내려오는 흰색의 향기 박스 3대가 있는데, 이 상자 안에 들어가면 벽면 가득 열대우림의 이미지가 펼쳐지고 각기 다른 향을 체험할 수 있다. 과감하게 머리부터 쏘옥 들어가보자. 그외에도 영상 자료와 향 제작과정을 구현한 미니어처 전시물 등도 흥미롭다. 코라보를 둘러보고 나면 바로 옆에 있는 전시실에서 잠시 휴식을 취해보자. 직접 쇼에이도의 향초를 피우고 있는 데다 시각적으로 흥미로운 전시를 주기적으로 교체하고 있으니 여러 감각을 활짝 열고 체험하는 시간이 될 것이다.

천년 고도의 유물이 모여있는 곳

교토 국립 박물관

京都国立博物館

일본과 동아시아 고대 유물과 고미술품을 전시하는 국립 박물관으로 1897년에 문을 열었다. 특히 교토를 중심으로 주로 사찰에 전해내려오는 보물들을 위탁받아 보호하고 일부는 전시하고 있다. 개관 초 벽돌로 지은 프랑스 르네상스 양식의 정문과 메이지 고도관明治古都館(미공개)은 중요 문화재로 지정된 건축물이다. 현재는 2014년 문을 연 신관에서 평상 전시와 특별전을 열고 있는데, 연중 전시하는 명품 갤러리는 수시로 전시를 교체하니 방문할 때마다 새로운 작품을 만날 수 있다. 특별전은 일 년에 두 번 열리니 홈페이지를 미리 체크하기를 추천한다. 야외 정원에도 전시물들이 많으니 놓치지 말자.

게이한 시치조역에서 도보 7분
09:30~17:00
월요일(공휴일이면 다음날), 12/25~1/1, 5/7 휴무(4/29~5/6은 무휴)
평상전시(명품 갤러리) 일반 700엔, 대학생 350엔
京都市東山区茶屋町527
075-525-2473
www.kyohaku.go.jp

TIP. 특별전 기간에는 요금이 변경되며 이때는 명품 갤러리만 관람하는 것은 불가능하다.

봄과 가을에만 문을 연다

노무라 미술관

野村美術館

노무라 증권, 옛 야마토 은행 등의 창업자인 노무라 도쿠시치의 소장품을 포함하여 미술 작품 1,900여 점을 소장하고 있는 사립 미술관이다. 기와를 얹은 전통적인 외관의 미술관으로 들어가면 내부는 매우 모던한 분위기의 전시실을 만나게 된다. 특히 다도와 노가쿠能楽(일본 전통 가면 악극) 관련 공예품들을 많이 전시하고 있다. 특이하게 봄과 가을에만 개관하는데, 두 번의 테마전을 기획해 전시한다.

시 버스 난젠지·에이칸도미치南禅寺·永観堂道 정류장에서 도보 5분
3월 초~6월 초, 9월 초~12월 초 10:00~16:30(입장 마감 16:00)
월요일 휴무(공휴일이면 다음날)
일반 800엔, 고등학생·대학생 300엔
京都市左京区南禅寺下河原町61
075-751-0374
nomura-museum.or.jp

화과자점이 운영하는 공예 미술관

젠비 카기젠 아트 뮤지엄

ZENBI KAGIZEN ART MUSEUM

300년 역사의 전통과자점인 카기젠 요시후사鍵善良房가 설립한 미술관. 중요무형문화재인 교토 출신의 목공 칠예가 구로다 다쓰아키(黒田辰秋, 1904~1982)의 작품을 중심으로 공예 미술의 세계를 소개하고 있다. 미술관은 2층 규모로 아담하지만, 구로다 다쓰아키의 컬렉션은 일본에서 이곳이 가장 충실하다. 생활과 전통과자, 다도에 관련된 공예품들이 많기 때문에 일상 속에 자리한 교토만의 문화와 아름다움을 감상할 수 있다.

게이한 기온시조역에서 도보 3분
10:00~18:00(입장 마감 17:30)
월요일(공휴일이면 다음날), 연말연시 휴무
일반 1,000엔, 중학생~대학생 700엔
京都市東山区祇園町南側570-107
075-561-2875
zenbi.kagizen.com

천천히 교토 산책

신푸칸

난젠지

디지트 카페 초라쿠칸

사라사 니시진

코에 도넛

조난구

헤이안 신궁

철학의 길

기후네 신사

루리코인

에이칸도

기요미즈데라

+ 걷는 듯 천천히, 고레에다 히로카즈의 교토

건축물로 만나는
모던 교토

교토 하면 사찰이나 신사 같은 전통 건축물의 이미지가 강하지만, 막상 교토의 거리를 걷다 보면 역사가 느껴지는 모던한 건축물들이 많다는 것을 깨닫게 된다. 교토는 2차 세계대전 때에도 폭격을 피해갔고 지진 같은 자연재해도 거의 없었기 때문에 메이지유신 이후 서양 문화를 받아들이며 건설된 근대 건축물들은 지금까지도 잘 보존되어 있다. 교토는 천년 고도의 자부심을 가지는 동시에 문화, 예술, 교육 등에서 진보적인 사고방식을 받아들인 도시여서 역사적으로 가치 있는 건축물들의 보존과 리노베이션에 있어서도 무척 까다로웠기 때문이다. 이런 근대 건축물들은 식당이나 쇼핑 시설 등으로 개조되기도 하며 지금도 교토 시민들의 삶에 깊숙이 들어와있다. 교토에서 생활하듯이 여행하고 싶은 사람에게 근대 건축물 산책은 교토의 운치를 느끼는 가장 좋은 방법이다.

오래된 전화국에서 핫플로

신푸칸

新風館

신푸칸은 1920년대 세워진 오래된 건물을 리노베이션해 호텔과 숍, 레스토랑, 영화관이 들어선 복합 시설로 2020년 오픈했다. 역사적 건축물에 예술과 자연이 융합된 시설은 어디를 둘러봐도 그림이 된다.

건물의 역사를 현대로 연결시키는 건축의 힘

신푸칸의 전신인 교토중앙전화국은 교토가 고도에서 근대도시로 넘어가던 시기인 1926년 세워진 근대식 건물로 그 역사적 가치를 인정받아 교토시 등록문화재 1호로 지정되었다. 설계를 한 요시다 테츠로는 일본 근대 모더니즘의 선구자로 불리는 건축가다. 그리고 2001년 나중에 재개발할 것을 전제로, 전화국의 외관은 그대로 살리고 영국의 유명 건축가 리처드 로저스가 증축 건물의 설계를 맡아 상업 시설로 개업하게 된다. 교토에 새로운 바람을 불게 하자는 의미로 '신풍관新風館'이라는 이름이 지어졌다. 유럽의 파티오처럼 안뜰을 둘러싸고 전체 건물을 ㅁ자로 만들었다. 2016년부터 본격적인 재개발을 시작해 전화국 건물의 일부를 남긴 보존동과 구마 겐고가 감수한 신축동이 연결되고, 가운데에는 녹음이 우거진 정원을 만들었다.

지하철 가라스마오이케역에서 바로 연결
상점 11:00~20:00, 식당 08:00~24:00(가게마다 다름)
京都市中京区烏丸通姉小路下ル場之町586-2
075-585-6611
shinpuhkan.jp

新風館

新風館

1LDK

구마 겐고의 철학과 감성을 담은 곳

건축가 구마 겐고는 교토가 수도로서 발전하며 다양한 정원을 가진 유서 깊은 땅이므로 신푸칸에도 과거와 현대를 잇는 농밀한 정원을 만들고 구 교토중앙전화국 건물의 벽돌이 안뜰과 어우러져 교토의 거리와 조화를 이루게 했다고 말한다. 신축동은 콘트리트에 산화철을 함께 사용해 도장에 의존하지 않고도 따뜻한 발색을 구현한 점이 참신하다. 건물 외장은 물론 내부의 천장에도 목재를 많이 사용해 일본의 전통적인 분위기를 살리면서 따뜻하고 세련된 분위기를 내고 있다. 건물 내부 천장을 다양하게 가로지르는 목조 구조물은 일부가 외부로까지 연결되어 공간의 확대와 깊이를 주고 있다.

신푸칸이 세 개의 거리와 만나는 곳에는 각기 다른 표정의 입구를 설치하고 길쭉한 통로를 거쳐 안뜰로 연결되는 구조. 안뜰 정원에는 나와코 오헤이名和晃平의 조형물 〈Ether(Octagon)〉가 존재감을 드러낸다. 물방울이 땅에 떨어져 퍼지는 모습을 단계적으로 3D 모델화하여 상하 반전시킨 모습을 무작위로 쌓아 올렸다. 영원한 생명력을 상징하는 다면체의 조형물이 자연광의 변화에 따라 빛나는 모습이 아름답다.

일본 MZ들의 핫플

지하 1층에는 작품성 있는 영화들을 상영하는 극장 업링크 교토, 1~7층에는 아시아에 첫 진출한 에이스 호텔 교토, 1층에는 20여 곳의 상점과 식당이 자리하고 있다. 유기농 채소 요리를 맛보며 책을 고를 수 있는 새로운 개념의 서점 '책과 채소 오이오이本と野菜OyOy', 일본식 빙수로 유명한 찻집 '차와 술 타스키お茶と酒たすき', 수제 초콜릿 전문점 '그린 빈 투 바 초콜릿Green bean to bar Chocolate', 여행 콘셉트의 문구 브랜드 '트래블러스 팩토리Traveler's Factory' 같은 신선한 콘셉트의 가게들이 많아 트렌드에 민감한 교토 젊은층에게 인기가 높다. 또 스케마사ぎょうざ処亮昌(교자), 스에히로가리京都スエヒロガリ(꼬치구이), 덴뿌라 텐토라天ぷら天寅(튀김요리), 디그 더 라인 보틀 앤 바DIG THE LINE BOTTLE & BAR(수제맥주), 카페 키츠네Cafe Kitsune(카페) 같은 식당과 카페는 세련된 분위기의 맛집으로도 유명하다. 그외에 패션 브랜드와 향수, 잡화 매장도 있으니 신푸칸에서 몇 시간은 보낼 수 있을 정도. 지하철역에서 바로 연결되기 때문에 비 오는 날이라면 이곳을 찾는 것도 좋을 것이다.

사찰에서 만나는 근대 건축물

난젠지

南禪寺

1291년 세워져 무려 710년의 역사를 지닌 난젠지는 막부가 교토의 선종사찰 1순위로 지정해 국가의 보호 아래 융성한 시절을 보냈다. 경내 전체가 국가 사적으로 지정될 만큼 역사적 가치를 인정받은 곳으로, 방장과 삼문을 비롯한 중요 문화재, 국가명승지로 지정된 방장 정원 등 볼거리가 많아 여행자들에게도 인기 있는 곳이다.

교토의 근대 건축물 투어에서 빼놓을 수 없는 곳 중 하나가 바로 난젠지의 수로각水路閣이다. 로마의 수도교를 연상시키는 수로각은 1890년 교토의 물 부족을 해결하기 위해 비와코 호수의 물을 끌어오는 시설로 만들어졌다. 지금도 수로각 위에는 물이 흐르고 있다. 곡선미를 그리는 붉은 벽돌의 아치가 난젠지의 전통 건축물과도 잘 어우러지면서 독특한 분위기를 내서 드라마 촬영지나 포토 스폿으로도 인기가 높다.

그밖에 눈여겨볼 것이 높이 22m의 삼문. 1628년 세워진 삼문은 우선 규모에 압도되는데, 멋진 기둥과 중후한 석등이 아름답다. 특히 삼문의 누상에 오르면 난젠지 경내는 물론 교토 시내도 한눈에 들어오는 멋진 경치를 감상할 수 있어 매력적이다. 일본의 궁실 건축을 볼 수 있는 대방장과 40면의 장벽화 〈군호도群虎図〉가 볼거리인 소방장, 에도 시대 초기의 대표적인 고산수 정원인 방장 정원도 아름다우니 놓치지 말자.

지하철 게아게역에서 도보 9분
3~11월 08:40~17:00, 12~2월 08:40~16:30
12/28~31 휴무
방장정원/삼문 누상 각각 일반 600엔, 고등학생 500엔, 초중학생 400엔
京都市左京区南禅寺福地町
075-771-0365
www.nanzenji.or.jp

귀빈으로 대접받는 기분

디저트 카페 초라쿠칸

デザートカフェ長楽館

'교토의 영빈관'이라 불릴 만큼 왕족, 대사 등 각국의 VIP들이 자주 묵은 곳으로 유명한 호텔이 바로 초라쿠칸이다. 1909년 문을 열어 110년 넘게 사랑 받은 클래식 호텔로, 당시 릿쿄대학교의 총장이자 건축가였던 미국인 J.M.가디너가 설계했다.

외관은 르네상스 양식, 내부는 로코코, 네오클래식, 아르누보 양식에 중국, 이슬람 건축에도 영향을 받은 무척 중후한 매력을 품은 곳이다. 스테인드글라스와 벽난로, 천장의 장식까지 세세하게 신경 쓴 화려하고 우아한 공간으로, 건물은 물론이고 정교한 가구들과 장식품 30점도 문화재로 지정되어 있을 만큼 역사적 가치를 인정받았다.

본관 1층의 디저트 카페(커피 1,100엔, 샌드위치 1,500엔) 공간은 원래 당구대가 있던 레크리에이션 공간이었다. 큐 끝에 분칠하며 손에 묻은 분필을 닦아내기 위해 설치했던 대리석 세면대가 지금도 그대로 남아있다. 건축 당시 온실이었던 공간은 지금 선물용 과자를 판매하는 부티크로 쓰이고 있다. 바닥에는 기하학적 무늬의 타일이 그대로 남아있고, 돌벽에는 이슬람 사원 특유의 문양들이 장식되어 있다. 화려하고 웅장한 계단을 올라 2층 카페 공간으로 가면 큰 창문으로 햇빛이 가득 쏟아지는 방이 나오는데, 유럽 귀족의 저택에 온 듯 무척 화려하다.

게이한 기온시조역에서 도보 13분
11:00~18:30
京都市東山区八坂鳥居前東入円山町604
075-561-0001
www.chourakukan.co.jp

카페로 변신한 목욕탕

사라사 니시진

さらさ西陣

지은 지 93년 된 대중목욕탕을 리노베이션해 2000년 오픈한 카페. 외장은 당시 그대로여서 지금도 목욕탕으로 착각하고 들어오는 사람이 있다고. 건물 정면의 둥근 지붕 장식은 상류층 사람들이 다니는 고급 대중목욕탕에만 있는 것이었다고 한다. 지금도 지붕 장식 위에는 '후지노모리 온천'이란 목욕당 이름이 들어간 기와가 남아있다.

문을 열고 안으로 들어가면 높은 천장의 독특한 공간이 나타난다. 이곳이 목욕탕으로 개업한 것이 1930년. 당시 인기 있었던 마조리카 스타일의 타일을 벽에 붙여 앤티크한 분위기가 물씬하다. 붓으로 하나하나 색을 얹어 만드는 타일이기에 지금으로서는 보기 힘든 귀한 것이고 세월이 지나도 선명한 색상 조합이 무척 귀엽기도 하다. 높은 천장에는 큼직한 창문이 있어서 하늘이 바라다 보이는 것도 인상적이다. 카페 안쪽에는 무너뜨린 벽이 일부 남아있는데, 이것은 남탕과 여탕을 구분하는 벽이었다. 개인 물품함이나 세면대, 수도꼭지가 있던 배관 등 목욕탕 시절의 것을 없애지 않고 일부러 불완전하게 남긴 것이 오히려 독특한 분위기를 내고 있다.

자매점인 클램프 커피 사라사에서 로스팅한 원두로 내린 커피(550엔~)를 추천하고, 카페에서 직접 만든 구움과자(240엔~)를 곁들여도 좋다.

지하철 구라마구치역에서 도보 17분

일~목 11:30~21:00, 금토 11:30~22:00, 수요일 휴무

京都市北区紫野東藤ノ森町11-1

075-432-5075

www.cafe-sarasa.co

CAKE SET
¥1,000
&
SARASA

CAFE SARASA

도넛집도 교토풍으로 만든 공예의 힘

코에 도넛

koé donuts

신쿄고쿠 상점가 안 통유리창의 세련된 건물에 자리한 코에 도넛. 어딘가 고도 교토에 어울리지 않는 현대적인 모습이지만 가까이 다가가면 내부 디자인의 존재감에 깜짝 놀라게 된다. 교토 아라시야마의 대나무를 사용한 전통 방식의 대나무 바구니 572개를 천장과 벽 한 면에 가득 장식한 돔 형태의 독특한 인테리어가 무척 인상적이다. 바구니의 망 사이로 은은한 조명 빛이 새어 나오고 그 음영이 매장에 따뜻한 온기를 준다. 가장 미국적인 도넛 가게를 순식간에 교토풍으로 만든 것은 공예품의 힘이다. 일본 특유의 섬세함이 살아있으면서도 도넛 가게의 재미와 캐주얼한 분위기도 놓치지 않았다. 매장 디자인은 세계적인 건축가 구마 겐고가 맡았다. 그가 패스트푸드 매장의 디자인을 맡은 것은 처음이라 더욱 의미가 있다.

매장 안에 도넛을 만드는 오픈키친이 있는데, 맷돌로 가루를 내고 튀김기로 튀긴 도넛에 토핑을 올려 마무리하는 과정까지 직접 볼 수 있다. 저칼로리에 유기농 천연 재료, 교토산 식재료를 사용하는 고급 도넛으로 식재료의 맛을 돋보이게 하기 위해 간단한 조리법을 고집한다. 단맛이 강하지 않고 적당해서 남녀노소 인기가 많다. 신선한 과일, 말차, 호지차, 팥 등 교토의 재료를 사용한 도넛(330엔~)은 커피(380엔~)와 무척 잘 어울린다.

한큐 교토카와라마치역에서 도보 1분
09:00~20:00
부정기 휴무
京都市中京区中之町(新京極通)557
075-748-1162

봄의 교토,
가을의 교토

일 년 중 언제 가도 좋은 교토이지만, 그래도 가장 좋은 계절은 봄과 가을이다. 봄의 시작을 알리며 매화가 피어나는 2월 말~3월 초, 흐드러지게 만발하는 벚꽃으로 도시 전체가 들뜨는 3월 말~4월초, 벚꽃이 지고 나면 새 잎으로 갈아입은 나무가 밝은 연초록빛으로 물드는 신록의 4월~5월 초, 붉게 물든 단풍과 전통 건축물이 어우러져 일본스러운 풍경을 자아내는 11월 중순~12월 초.

가장 아름다운 계절인 만큼 사람으로 붐비는 것은 어쩔 수 없다. 하지만 그럼에도 불구하고 교토의 매력을 두 배, 세 배로 느낄 수 있는 시기이기도 하다. 특히 평소에는 평범한 곳이지만 이 시기에만큼은 교토 최고의 인기 명소로 떠오르는 곳들이 있다.

교토에서 가장 환상적인 매화 명소

조난구

城南宮

교토가 도읍이던 시절 나라의 평안을 기리며 세워진 신사로 1200년 역사를 가진 곳이다. 가정의 화목이나 액막이, 안전을 기도하기 위해 일본인들이 많이 찾는 신사이지만, 사실 평소에는 여행자의 관심을 끄는 곳은 아니다. 그런데 일 년 중 유일하게 초봄이면 이곳에 꼭 가야 하는 이유가 있다. 2월 하순에서 3월 초순에 걸쳐 신사의 정원인 신원神苑에는 비현실적인 풍경이 펼쳐진다.

나무가 우거져 그늘진 이끼정원을 걷다 보면 파릇파릇한 이끼 위로 강렬한 붉은색의 동백꽃이 떨어져 있고, 나무 사이로 저멀리 짙은 분홍색의 매화꽃이 땅을 향해 늘어진 가지 위로 가득 피어나 있다. 동백꽃과 매화를 하나의 프레임 속에서 볼 수 있다는 것도 놀랍지만, 마치 신이 손이 디자인한 것처럼 녹색과 빨간색, 분홍색의 콘트라스트가 강렬한 시각적 이미지를 각인시킨다.

지하철 다케다역에서 도보 17분
09:00~16:30(입장 마감 16:00)
신원 2/18~3/22 1,000엔(초등학생 600엔)
京都市伏見区中島鳥羽離宮町7
075-623-0846
www.jonangu.com

TIP. 기간별로 입장료가 달라진다.
봄꽃 개화시기를 제외한 평소에는 800엔, 7~8월은 300엔으로 저렴해진다.

車止

정원 전체를 물들이는 핑크색 물결

헤이안 신궁

平安神宮

교토를 도읍으로 삼은 지 1100년 된 것을 기념해 1895년 세워진 헤이안 신궁. 선명한 주홍색이 아름다운 신전 대극전大極殿, 높이 24미터의 거대한 주홍색 오토리이大鳥居가 인상적인 곳이다. 교토의 조경 기술을 집약한 일본정원 신원神苑은 동, 중, 서, 남쪽 4개의 정원으로 이루어진 3만 평방미터(1만여 평)의 넓은 지천회유식 정원. 평소에는 다른 명소들에 밀리는 느낌이지만, 벚꽃철이면 300그루의 벚꽃들이 만발해 오카자키 최고의 꽃놀이 명소가 된다. 낮에도 아름답지만 조명을 밝힌 밤벚꽃의 정취를 즐기는 것도 무척 로맨틱하다.

지하철 히가시야마역에서 도보 10분
경내 06:00~17:00
신원 3/1~3/14, 10월 08:30~17:30, 3/15~9/30 08:30~18:00,
11~2월 08:30~17:00(폐관 30분 전 입장 마감)
경내 무료, 신원 600엔(어린이 300엔)
京都市左京区岡崎西天王町97
075-761-0221
www.heianjingu.or.jp

수로 위로 흩날리는 벚꽃잎

철학의 길

哲学の道

긴카쿠지(은각사)에서 난젠지 부근까지 이어지는 약 2킬로미터 길이의 오솔길. 산책로 옆을 흐르는 수로는 일본 최대 호수인 비와코 호수에서 끌어온 물이 흐르고 있다. 산책로로 인기 있는 이 오솔길 양쪽에는 400그루의 벚나무가 심어져 있어 봄이면 만발한 벚꽃이 장관을 이룬다. 흰 벚꽃잎이 수로 가득 떨어져 있는 모습도 무척 낭만적이다. '일본의 길 100선'에도 선정될 만큼 소박하지만 아름다운 산책로다.

시 버스 긴카쿠지미치銀閣寺道 정류장 또는
난젠지에이칸도마에南禅寺永観堂前 정류장 하차
tetsugakunomichi.jp

싱그러운 녹음이 가득한 참배길

기후네 신사

貴船神社

숲속에 자리해 청정한 녹음이 아름다운 기후네 신사는 1300년 넘는 역사를 가진 오래된 신사다. 신사 주변에 흐르는 기부네 강은 교토의 중심지를 흐르는 가모 강의 원류여서 기후네 신사는 교토의 수원을 지키는 신사로 예부터 소중히 여겨져 왔다. 사실 기후네 신사에 가고 싶은 이유는 바로 신사로 가는 참배길의 풍경 때문이다. 운치 있는 돌계단 양쪽에는 신사로 가는 길을 알려주는 주홍색 가로등이 죽 늘어서 있는데, 푸르른 녹음과 붉은색의 대조적인 풍경이 무척 아름답다. 5~11월에는 해질 무렵부터 저녁 8시까지 가로등에 불을 밝혀 운치를 더한다.

교토 버스 기부네貴船 정류장에서 도보 5분
5~11월 06:00~20:00, 12~4월 06:00~17:00
京都市左京区鞍馬貴船町180
075-741-2016
kifunejinja.jp

책상에 반사되는 환상적인 풍경

루리코인

瑠璃光院

히에이 산기슭에 자리한 정토종 사찰. 약 1만2,000평의 부지에 여러 채의 건물과 3개의 정원을 갖춘 곳이다. 루리코인이 유명한 이유는 바로 서원 2층 방에서 보이는 풍경 때문이다. 넓은 창문 가득 펼쳐진 정원의 푸르른 녹음, 그리고 서원의 책상에 반사되는 그림 같은 풍경은 무척 포토제닉하다. 방뿐 아니라 옻칠한 복도의 바닥에 반사되는 풍경도 일품이니 놓치지 말자. 서원은 평소에는 비공개이고 봄, 여름, 가을의 특정 기간(매년 변동되니 홈페이지 참조, 단풍철은 홈페이지 예약 필수)에만 공개된다.

야세히에이잔구치역에서 도보 13분
봄, 여름, 가을의 특별 공개 기간 10:00~17:00(16:30 입장마감)
일반 2,000엔, 학생 1,000엔, 초등학생 이하 무료
京都市左京区上高野東山55
075-781-4001
rurikoin.komyoji.com

교토 최고의 단풍 명소

에이칸도

永観堂

'단풍은 에이칸도'라는 말이 있을 만큼 교토에서 단풍 명소 하면 가장 먼저 떠올리는 곳 중 하나다. 853년 세워진 정토종 사찰 에이칸도가 이렇게 단풍으로 유명한 이유는 경내에 무려 3,000그루의 단풍나무가 있기 때문. 특히 경내 중앙에 있는 큰 연못 방생지를 에워싸듯 단풍나무들이 심어져 있어서 가을이 되면 수면에 하늘과 단풍이 비치는 모습이 무척 환상적이다. 산 중턱에 자리한 다보탑은 위에 올라갈 수 있어서 경내를 수놓은 단풍을 한눈에 감상할 수 있다. 다양한 각도에서 단풍을 즐겨보기를 추천한다.

지하철 게아게역에서 도보 12분
09:00~17:00
600엔(가을 특별기간 1,000엔)
京都市左京区永観堂町48
075-761-0007
www.eikando.or.jp

환상적인 밤단풍

기요미즈데라

清水寺

교토에서 가장 인기 있는 사찰 하면 기요미즈데라가 아닐까. 교토에 수많은 역사 건축물이 있지만 교토 천도 이전에 세워진 사찰은 적은데, 기요미즈데라는 무려 1200년 넘는 역사를 자랑하는 곳이니 그 의미가 매우 크다. 사계절 언제나 인기 높은 사찰이지만, 특히 가을에 가면 경내 곳곳에 1,000여 그루의 단풍나무가 붉게 물들어 '기요미즈의 무대'는 더욱 멋진 풍경을 만든다. 단풍이 절정을 이루는 야간 특별공개 기간에는 500개의 조명을 밝히고 파란색 서치라이트를 밤하늘을 향해 밝혀 환상적인 밤단풍을 만날 수 있다.

시 버스 고조자카五条坂 또는 기요미즈미치清水道에서 도보 10분
06:00~18:00(7~8월은 ~18:30)
대학생 이상 400엔, 초중학생 200엔
京都市東山区清水1丁目294
075-551-1234
www.kiyomizudera.or.jp

TIP. 봄, 여름, 가을의 특별 야간 공개기간에는 밤 9:30까지 연다.

걷는 듯 천천히
고레에다 히로카즈의 교토

데뷔작 <환상의 빛>으로 해외 영화제에서 수상하며 주목받은 영화감독 고레에다 히로카즈는 <아무도 모른다> <걸어도 걸어도> <바닷마을 다이어리> 등을 거쳐 칸 영화제의 황금종려상을 수상한 <어느 가족>, 최근작인 <괴물>에 이르기까지 많은 수작을 선보이며 세계적인 감독으로 인정받고 있다. 특유의 따뜻하면서 섬세한 시선, 날카로운 연출력으로 우리나라에도 많은 팬들을 보유한 감독이다. 최근에는 소외된 사람들에 대한 관심과 가족의 새로운 정의에 주목하는 작품을 주로 선보이고 있는데, 사회의 어두운 면을 다루면서도 영화는 밝고 따뜻한 분위기를 유지하는 그의 연출 스타일은 그야말로 독보적이다.

고레에다 히로카즈 감독이 2023년 발표한 넷플릭스 시리즈 <마이코네 행복한 밥상(舞妓さんちのまかないさん)>은 마이코를 위해 식사를 준비하는 소녀 키요의 이야기를 담고 있다.

보통 게이샤라고 알고 있지만, 교토에서는 게이코라고 부른다. 게이코가 되기 위해 수련 중인 견습생을 마이코라고 부르는데, 이것도 교토에서만 볼 수 있는 문화다. 10대 소녀들이 학교를 그만두고 전통 예능을 익히며 수련하는 마이코 문화는 일본의 전통 문화로 볼 수 있지만 정서상 불편한 부분도 분명 존재한다.

다만 노력의 과정을 통해 진정한 나의 길을 만나게 되는 두 소녀 키요와 스미레의 성장기가 드라마 전체를 관통하는 주제이고, 그 과정에서 만나게 되는 따뜻한 인간 관계의 모습, 키요가 좋아하는 사람을 위해 요리하며 진정한 행복을 느끼는 장면은 이 드라마를 매력적으로 만드는 부분이다.
그동안 마이코를 소재로 한 영화, 드라마는 많았지만 이처럼 상냥하고 귀여운 드라마는 없었다. 교토의 여러 명소와 문화를 보여주는 장면이 많아서 교토를 여행해본 사람이라면 앨범 속 추억을 꺼내보는 듯한 행복한 기분에 빠지게 될 것이다. 아직 교토를 여행하지 않았다면 키요와 스미레를 따라 천천히 교토를 걸어보는 것은 어떨까.

기온

祇園

예나 지금이나 교토를 대표하는 번화가. 게이코와 마이코가 일하는 요리집들이 대부분 기온에 있고, 그들의 숙소도 기온에 있는 게 보통이다. 키요와 스미레의 숙소는 실제로는 세트장이었지만, 드라마상에서는 기온에 위치한 것으로 나온다. 교토 중심에 위치한 데다 교토의 옛 모습과 정취를 가장 많이 지닌 동네 기온은 관광 명소와 맛집이 많아서 교토를 여행한다면 반드시 한 번 이상 들르게 되는 인기 지역이다.

게이한 기온시조역에서 도보 3분

기온시라카와미나미 거리

祇園白川南通

고등학생 시절 교토로 수학여행을 온 키요와 스미레가 게이코인 모모코를 처음 만나 기념촬영한 장소이자 등장인물이 지나는 길로 자주 등장했다. 사진 촬영 장소로 유명한 타츠미 다리와 주변 구역은 전통 건축물 보존지구로 보호받고 있어서 가장 기온다운 거리를 체감할 수 있다. 타츠미 다리 바로 건너편에 있는 타츠미 신사는 게이코, 마이코들이 예능 발전과 장사 번창을 기원하는 곳이다.

게이한 기온시조역에서 도보 4분

하나미코지 花見小路

게이한 기온시조역에서 도보 7분

키요가 아타고 신사에 부적을 받으러 갔다가 돌아오는 길에 지나는 거리. 산조에서 겐닌지 절까지 기온을 남북으로 가로지르는 메인스트리트다. 좁은 길(코지小路)이라는 이름이 붙은 것과는 달리 넓은 길을 따라 가게들이 죽 늘어서 있어 꽤 화려한 분위기다. 바닥에 돌이 깔린 운치 있는 거리로 교토의 정취가 느껴지는 요정, 식당, 카페들이 늘어서 멋진 풍경을 만들고 있다. 하나미코지에 게이코, 마이코가 일하는 가게들이 많아서, 운이 좋으면 출근하는 모습을 보게 될지도 모른다.

잇폰바시(행자교) 一本橋(行者橋)

게이한 기온시조역에서 도보 9분

키요가 동네 목욕탕에서 돌아오는 길에 이 다리에 걸터앉아 아이스크림을 먹는 장면이 나온다. 과거 히에이산에서 봉행을 마친 행자行者(불교 수행자)가 교토로 들어올 때 가장 먼저 건너는 다리라고 하여 '행자교'라고도 불린다. 다리의 폭이 60cm밖에 안 되기 때문에 다리를 건너려면 용기가 조금 필요하다. 근처 주민들은 워낙 익숙해서 자전거로 건너기도 한다고.

산조오하시 三条大橋

게이한 산조역에서 바로

아즈사가 타나베와 데이트를 하며 대화하는 장면을 촬영한 곳이 가모 강변이다. 이때 아즈사의 딸 료코가 산조오하시 다리 위에서 두 사람의 모습을 복잡한 표정으로 보고 있는 장면도 인상적이었다. 키요가 장을 보러 다녀오는 길에 이 다리를 건너는 장면도 자주 나온다. 아쉽게도 산조오하시 다리는 최근 새단장하면서 너무 새것의 모습이 되었다. 가모 강은 교토 사람들에게 마음의 고향 같은 곳. 도시 한복판에서 자연을 느낄 수 있는 곳이라 산책 코스로 사랑받는다.

야사카 신사 八坂神社

게이한 기온시조역에서 도보 9분
09:00~17:00
京都市東山区祇園町北側625
075-561-6155
www.yasaka-jinja.or.jp

키요와 스미레가 섣달 그믐날에 참배하러 가는 신사. 일본인들은 일 년의 마지막 날 신사에 가는 것을 중요한 이벤트로 여긴다. 656년 처음 창건되고 794년부터 현재의 위치에 자리하고 있는 야사카 신사는 교토의 대표적인 전통 축제인 기온 마츠리가 열리는 것으로 유명하며 교토 관광의 중심지 같은 곳이다.

가모가와 델타 鴨川デルタ

게이한 데마치야나기역에서 도보 3분

키요와 마이코 일행이 설 연휴에 함께 외출했을 때 장난 치며 건너던 징검다리는 가모가와 델타 앞에 있다. 가모가와 델타는 가모 강과 다카노 강이 만나는 지점에 형성된 삼각주인데, 강을 보며 바람 쐬기 좋은 장소라 데이트나 나들이 삼아 산책 나오는 사람들이 많다. 특히 바로 앞에 있는 귀여운 징검다리가 유명하다. 징검다리의 돌은 각각 새, 배, 거북이, 삼각주먹밥 모양을 하고 있는데 의외로 돌 사이 간격이 넓은 편이라 막상 건너려면 살짝 겁이 날 수도 있다.

미카사데코 카페 Micasadeco & Cafe

한큐 교토카와라마치역에서 도보 3분
월~금 11:00~17:00, 토·일·공휴일 11:00~18:00
京都市中京区梅屋町480
075-606-5307 | micasadecoandcafe.com/kyoto

키요와 스미레가 휴일에 함께 외출했다가 들렀던 디저트 카페. 둘이서 먹은 말차 팬케이크는 미카사데코 카페의 시그니처 메뉴다. 드라마에 등장했던 메뉴는 마이코의 말차 팬케이크 세트舞妓さんの抹茶パンケーキセット(1,900엔). 말차 초코 퐁당 팬케이크와 카페라테 세트로, 지금도 카페에서 맛볼 수 있다. 많이 달지 않으면서 쌉싸래한 말차 맛과 향이 매력적인 팬케이크는 입에 넣는 순간 살살 녹을 만큼 폭신하고 부드럽다.

아라시야마의 도게츠 교 주변 渡月橋

교토의 인기 1위 게이코인 모모코가 배 위에 설치한 수상 무대에서 춤추는 장면을 촬영한 곳. 이 춤은 도쿄로 떠나며 이별하게 된 연인 이와이에게 보내는 마지막 인사와 같은 것이었다. 아름다우면서도 슬프지만, 동시에 자신의 길을 선택한 모모코의 굳은 결심을 보여주는 것이기도 했다. 사실 선상에서 게이코가 춤추며 공연하는 것은 실제 볼 수 있는 것은 아니다. 교토가 수도이던 시절, 아라시야마에 별장을 둔 귀족들이 강에서 뱃놀이하며 풍류를 즐기던 것을 재현한 것이라고 보면 될 것 같다.

한큐 아라시야마역에서 도보 3분

가보고 싶은 교토의 동네

오카자키

이치조지

오하라

후시미

우지

아라시야마

지금 가장 뜨거운 문화예술 지구

오카자키

岡崎

교토의 도심과 히가시야마 산자락 사이에 자리한 동네 오카자키는 헤이안 신궁을 비롯해 난젠지, 에이칸도 같은 유명 사찰과 신사, 교세라 미술관과 교토국립근대미술관 등이 모여있는 교토의 문화예술 중심지다.

헤이안 신궁의 주황색 거대한 오토리이大鳥居와 참배길, 교토 시민들의 휴식처인 오카자키 공원을 중심으로 사방에 멋진 미술관과 공연장, 문화시설이 늘어서 있다. 오카자키를 흐르는 수로 주변에서는 벚꽃과 단풍 같은 사계절의 아름다운 풍경도 즐길 수 있어 교토의 다양한 표정을 품고 있는 매력적인 지역이다.

지하철 히가시야마역 하차.
또는 시 버스 헤이안진구 오카자키코엔 平安神宮·岡崎公園
또는 오카자키코엔 롬 시어터岡崎公園(ロームシアター) 정류장 등에서 하차

교토국립근대미술관

京都国立近代美術館

근대 미술작품을 중심으로 특히 교토와 관서 지방에서 활동하는 작가의 작품을 수집하고 전시하는 미술관. 회화뿐 아니라 판화, 도예, 조각, 디자인, 사진 등 다양한 분야의 작품을 1만 2,000점 이상 소장하고 있다. 일본 작가의 작품은 물론이고 앙리 마티스, 피에트 몬드리안, 오딜롱 르동, 폴 스트랜드 등 세계적인 작가의 작품도 있다. 상설 전시는 일 년에 5회 정도 교체되고, 일 년에 4~6회는 특별전이 열린다. 전시를 보고 난 후에는 1층에 있는 작품도 놓치지 말자. 이곳에서는 사진 촬영도 가능하니 멋진 기념사진을 남기기에도 좋다.

지하철 히가시야마역에서 도보 5분
10:00~18:00(기획전 있는 금요일 ~20:00)
월요일(공휴일이면 다음날), 연말연시 휴무
컬렉션 갤러리 일반 430엔, 대학생 130엔
京都市左京区岡崎円勝寺町26-1
075-761-4111
www.momak.go.jp

MtK 컨템포러리 아트 MtK Contemporary Art

지하철 히가시야마역에서 도보 10분
10:00~18:00
월요일, 부정기 휴무
京都市左京区岡崎南御所町20-1
075-754-8677
mtkcontemporaryart.com

현대미술가이자 교토예술대학 대학원 교수인 기토 겐고鬼頭健吾가 기획한 현대미술 갤러리. 교토를 포함한 관서 지방 출신 작가들의 작품을 중심으로 매번 신선한 테마의 기획전을 열고 있다. 원래 자동차 쇼룸이었던 건물을 리노베이션한 것으로 교토를 중심으로 활동하는 현대 미술, 건축 스튜디오 샌드위치Sandwich가 디자인을 맡았다.

롬 시어터 교토 ロームシアター京都

지하철 히가시야마역에서 도보 9분
09:00~19:00(공연에 따라 달라짐)
京都市左京区岡崎最勝寺町13
075-771-6051

교토를 대표하는 공연 전문 극장. 1960년 문을 연 교토회관을 2015년 개보수를 통해 재오픈하며 새로운 이름으로 거듭났다. 건물을 설계한 마에카와 쿠니오前川國男는 스승 르 코르뷔지에의 모더니즘 건축 기법에 일본 전통 건축을 접목시켜 천년고도 교토의 경관과 조화를 이루게 했다. 오페라, 발레, 뮤지컬, 연극부터 전통 예능, 대중음악에 이르기까지 다양한 분야의 공연을 선보여 교토 문화예술의 거점이 되고 있다. 3개의 공연홀을 비롯해 책과 카페가 함께 있는 츠타야 서점, 레스토랑인 교토 모던 테라스도 입점해 있어 꼭 공연이 아니어도 시민들이 자주 찾는 공간이다.

교토 전통 산업 교류관

京都伝統産業ミュージアム

한국 여행자들에게 많이 알려진 곳은 아니지만, 교토의 전통 공예를 한자리에서 만날 수 있는 흥미로운 박물관이다. 전통의 명맥을 유지하고 발전시키고 있는 교토의 아름다운 공예품 74개 품목을 매우 가까이서 볼 수 있게 전시할 뿐만 아니라 해설도 자세하다. 제작 과정을 미니어처나 영상으로 볼 수 있도록 재미있게 꾸며놓았고 공예품을 직접 만져 보거나 조립해볼 수 있고 장인의 제작 과정을 현장에서 직접 보는 등 체험 공간도 충실하다.

지하철 히가시야마역에서 도보 8분
09:00~17:00
연말연시, 여름 보수기간 휴무
대학생 이상 500엔, 초중고 400엔
京都市左京区岡崎成勝寺町9-1
075-762-2670
kmtc.jp

교토 모던 테라스

京都モダンテラス

나에게 대접하는 기분으로 가고 싶은 카페 & 레스토랑. 들어서는 순간 눈에 들어오는 5.7미터의 높은 천장은 오래 사랑받기를 바라는 마음을 담아 거북 무늬로 장식되어 있다. 넓고 개방적인 분위기, 세련되고 고급스러운 레스토랑 공간 한쪽에는 바도 마련되어 있다. 넓은 매장 밖에는 야외 테라스에 멋진 소파와 테이블들이 놓여 있어서 계절을 느끼며 커피나 칵테일, 식사를 즐길 수 있다. 파스타, 비프스튜 등의 런치 메뉴(1,570엔~)도 맛있고 디저트(800엔~)도 인기 있다.

지하철 히가시야마역에서 도보 8분
11:00~22:00
부정기 휴무
京都市左京区岡崎最勝寺町13, 롬 시어터 교토의 파크 플라자 2층
075-754-0234

로쿠세이 사테이

六盛スフレ&カフェコーナー茶庭

120년 역사의 교토 전통요리점 로쿠세이에 딸려 있는 수플레 전문점 겸 카페 사테이. 점심 식사 시간이 지나면 문을 여는 이곳은 이름처럼 폭신하고 부드러운 수플레 케이크로 유명하다. 주문하고 나면 만들기 시작하는 수플레(음료 포함된 수플레 세트 1,430엔)는 25분 동안 공들여가며 천천히 굽기 때문에 입안에 넣는 순간 사르르 녹아내린다.

진구마루타마치역에서 도보 10분
14:00~17:00
월요일, 첫째 셋째 수요일 휴무(공휴일이면 다음날)
京都市左京区岡崎西天王町71
075-751-6171

오카키타

岡北

교토 시민들에게 인기 있는 우동집으로 미슐랭 가이드에 4년 연속 빕구르망으로 선정되었다. 이곳의 우동은 다시마, 몽치다래, 고등어포 등으로 낸 깔끔한 육수에 가늘고 부드러운 생면을 사용하는 교토식 우동이다. 우동과 소바, 덮밥 같은 대중적인 음식을 고급스러운 분위기의 가게에서 맛볼 수 있다. 추천 메뉴는 텐토지우동 天とじうどん(930엔). 말캉말캉 보드라운 계란과 가볍고 깔끔한 육수의 감칠맛이 우동면과 잘 어우러진다.

지하철 히가시야마역에서 도보 10분
11:00~17:00
화~수요일, 1/1~3 휴무
京都市左京区岡崎南御所町34
075-771-4831

우사기노 잇포

卯sagiの一歩

전통가옥을 개조한 식당에서 교토의 오반자이おばんざい 세트(1,430엔~)를 맛볼 수 있는 곳이다. 오반자이란 교토의 가정식 반찬을 뜻하는 말로, 교토의 식당이나 이자카야에서 여러가지 반찬을 만들어 놓고 식사나 안주로 내는 문화가 있다. 특히 교토산 제철 채소를 사용해 조림, 튀김, 볶음, 무침 등 다양한 조리법으로 만들기 때문에 교토 사람들의 식문화를 경험할 수 있는 좋은 기회가 되기도 한다. 맛도 좋을 뿐더러 건강한 한끼 식사를 할 수 있다. 원래 민가였던 건물에서 안쪽의 작은 정원을 바라보며 식사하는 것도 즐겁다.

지하철 히가시야마역에서 도보 6분
11:00~15:00(17:00 이후는 4명 이상 최소 전날 예약만 가능)
수요일 휴무(공휴일은 다음날)
京都市左京区岡崎円勝寺町91-23
075-201-6497
usaginoippo.kyoto

감성적인 산책가를 위한 동네

이치조지

一乗寺

교토 북동부에 자리한 이치조지는 관광객에게 아주 유명한 지역은 아니다. 산자락 아래에 자리한 아늑한 지역이라 예부터 왕족이나 귀족들의 별장이 많았던 동네다. 관광객으로 붐비는 복잡한 교토 중심지를 벗어나 소란스러움을 잊고 조용하게 산책하기 좋은 거리이기도 하다.

최근에는 이치조지역을 중심으로 라멘 거리가 형성되어 라멘 마니아들이 일부러 찾아오기도 하고, 사람이 붐비지 않는 명소에서 인생사진을 찍기 위해 방문하는 사람들도 늘고 있다. 또 '세계에서 가장 아름다운 서점'으로 꼽힌 케이분샤도 있어 교토를 좀 아는 사람에게는 매우 매력적이고 세련된 지역으로 입소문난 동네가 바로 이치조지다.

게이한 기온시조역에서 게이한 본선을 타고(6분, 230엔),
데마치야나기역에서 에이잔 전철로 환승(5분, 220엔), 이치조지역 하차

케이분샤

恵文社一乗寺店

어떤 책과 만나게 될지 기대되는 책 편집숍. 책을 좋아하는 사람이라면 교토에서 이곳을 모르는 사람이 없을 것이다. 영국 신문 가디언지가 발표한 '세계 최고의 서점 10곳'에 일본 서점으로는 유일하게 선정되어 유명세를 타기도 했다. 신간이나 베스트셀러 위주로 진열하는 일반 서점과 달리, 이곳은 출판사나 장르에 구애받지 않고 독창적인 도서 큐레이션을 선보인다. 그림책이나 사진집, 예술서적, 디자인 잡지 등도 많아서 일본어를 몰라도 보는 즐거움이 있고 내부 디스플레이도 무척 아름답다. 케이분샤의 굿즈 또한 하나하나 특유의 감성이 있어서 인기가 많다. 서점에는 잡화 코너와 갤러리, 이벤트 공간까지 갖추고 있어 이치조지의 문화 발신지가 되고 있다.

이치조지역에서 도보 2분
11:00~19:00 | 1/1 휴무
京都市左京区一乗寺払殿町10
075-711-5919
www.keibunsha-books.com

시센도 詩仙堂

380년 전에 지어진 문인의 별장이었으나 지금은 사찰이 되었다. 말년에 은거하며 자연 속에서 지내기 위해 이 건물을 지은 것이기에 특히 정원에 상당히 공을 들였다. 봄에는 영산홍과 청단풍, 여름에는 창포꽃, 가을에는 억새와 단풍, 겨울의 설경 등이 모두 그림 같이 아름답다. 방의 어느 곳에 앉아서 바라보느냐에 따라 정원의 인상이 달라지므로 여러 지점에서 느긋하게 감상해보자. 마음이 차분해지며 풍경에 위로 받는 기분이 든다.

이치조지역에서 도보 14분
09:00~17:00
5/23 휴무
일반 500엔, 고등학생 400엔, 초중학생 200엔
京都市左京区一乗寺門口町27
075-781-2954
kyoto-shisendo.net

엔코지 圓光寺

1601년 창건된 임제종 사찰로 승려들의 학교 역할을 했으며 많은 서적을 인쇄하고 간행한 곳이기도 하다.
이곳의 가장 큰 볼거리는 정원이다. 운해를 떠도는 용의 모습을 표현한 고산수 정원인 분룡정奔龍庭, 소를 쫓는 목동의 모습을 콘셉트로 조성된 지천회유식 정원 십우지정十牛之庭은 각기 다른 개성을 가지고 있다. 그중에서도 가장 인기 있는 것은 액자정원額縁庭園이다.
방에 앉아서 정원을 바라보면 지붕과 기둥이 네모난 액자 모양으로 보이는데, 액자 안에 비치는 정원의 푸르른 신록에서 강한 생명력이 느껴지고 붉고 노랗게 물든 단풍, 눈이 내려앉은 흰색 정원에 이르기까지 일 년 내내 훌륭한 경치를 즐길 수 있다.

이치조지역에서 도보 17분
09:00~17:00
일반 600엔, 초중고 300엔(가을 특별기간은 일반 1,000엔, 초중고 500엔)
京都市左京区一乗寺小谷町13
075-781-8025
www.enkouji.jp

도심을 벗어나면 보이는 것들

오하라

大原

교토 중심에서 버스로 1시간 거리의 오하라. 지금도 한가로운 전원 풍경을 간직하고 있는 오하라는 옛날 화려한 도읍 시절 도시 생활에 지친 왕족과 귀족들이 여유로운 슬로라이프를 찾아 은거하기 위해 찾는 지역이었다. 교토 북동부 히에이산 자락, 사방이 산으로 둘러싸인 아름다운 오하라는 너무 관광화되지 않아 더욱 매력적이다. 자연 가득한 거리를 여유롭게 산책하는 것만으로도 마음이 따뜻해지는 느낌이 든다. 녹음이 우거진 아름다운 절, 오하라의 채소로 만든 요리, 옛 민가를 개조한 식당까지 반나절 이상 투자할 가치가 충분하다.

한큐 교토카와라마치역 부근 시조카와라마치四条河原町 정류장에서
교토버스 17번(530엔)으로 53분, 오하라大原 정류장 하차.

호센인 宝泉院

강렬한 임팩트의 액자정원 하나만을 위해서도 가볼 가치가 충분한 사찰. 가쓰린인勝林院의 탑두서원(주지를 지낸 고승이 생활하는 암자)이다. 액자정원인 반환원盤桓園의 액자에 가득찬 경치에서 가장 놀라운 것은 바로 오엽송이다. 금각사金閣寺, 길봉사吉峯寺의 소나무와 함께 교토의 3대 소나무로 지정된 수령 700년의 오엽송은 숨막히게 아름다운 동시에 강렬한 생명력이 느껴진다. 앉아서 바라보는 것만으로 강한 기가 나에게 전달되는 느낌이다. 입장료를 내면 무료로 제공되는 말차와 화과자를 먹으며 천천히 여유롭게 감상할 수 있다. 그밖에도 지천회유식 정원인 쓰루가메 정원鶴亀庭園, 2005년에 만들어진 고산수 정원 고라쿠엔宝楽園까지 다양한 형태의 정원을 감상할 수 있다.

교토 버스 오하라大原 정류장에서 도보 8분
09:00~17:00
800엔(말차와 화과자 포함)
京都市左京区大原勝林院町187
075-744-2409
www.hosenin.net

산젠인 三千院

오하라를 대표하는 명소 산젠인은 1200년의 세월을 간직한 천태종 사찰로 대대로 왕자나 왕족이 주지를 맡아온 문적 사원이다. 온통 이끼로 뒤덮인 마당에 삼나무와 편백나무가 즐비한 유청원有清園을 걷다 보면 이끼 마당 곳곳에서 조각가 스기무라 다카시杉村孝가 만든 지장을 만날 수 있다. 지금은 산젠인의 마스코트 같은 존재인데, 실은 비교적 최근에 만들어진 것이다. 지장의 얼굴을 자세히 살펴보면 각각 표정이 미묘하게 다른 것을 알 수 있다. 지장의 귀여운 표정에 살며시 미소가 지어진다. 철쭉과 수국이 아름다운 취벽원聚碧園은 정원이 보이는 서원의 툇마루에 앉아 말차를 마실 수 있어 정원 감상이 더욱 즐겁다. 붉은 융단이 깔린 툇마루와 정원의 푸르른 녹음의 대비가 무척 선명하고 아름답다.

교토버스 오하라大原 정류장에서 도보 8분
3~10월 09:00~17:00, 11월 08:30~17:00, 12~2월 09:00~16:30
일반 700엔, 중고생 400엔, 초등학생 이하 150엔
京都市左京区大原来迎院町540
075-744-2531
www.sanzenin.or.jp

히나사토 ひな里

료칸 세료芹生의 식당으로 숙박객이 아니어도 식사할 수 있는 곳이다. 요리로 유명한 료칸의 수준 높은 음식을 맛볼 수 있어 인기가 높다. 교토의 명물인 유바, 두부와 제철 채소를 듬뿍 사용한 전통 요리로 가짓수가 많아 다양한 맛을 즐길 수 있다. 어떤 메뉴도 맛있지만 교토 스타일의 예쁜 3단 도시락에 담겨 나오는 미치쿠가 벤토三千草弁当(3,850엔)가 인기 있다. 춥지 않은 계절에는 툇마루에 앉아서 식사하는 것이 무척 운치 있다. 푸른 정원을 바로 앞에서 볼 수 있고 바람과 풀내음도 느낄 수 있어 점심 시간이 더욱 특별해진다.

산젠인에서 도보 2분
11:30~15:00
부정기 휴무
京都市左京区大原三千院畔
075-744-2301
www.seryo.co.jp

시바큐 志ば久

산젠인 참배길을 걷다 보면 작은 가게들이 여러 곳 있고 달콤한 간식이나 기념품들을 팔고 있다. 그중에서 추천하고 싶은 곳이 바로 시바큐. 시골 마을의 분위기가 물씬 풍기는 오래된 가게로 교토의 밥도둑인 절임채소들을 판매하는 곳이다. 이곳에서 여행자들이 간식으로 즐겨 사먹는 것이 바로 아이스 큐리アイスきゅうり(275엔). 오하라에서 재배한 신선한 오이 한 개를 통째로 살짝 절인 것을 시원하게 해서 파는데 아삭한 식감에 그리 짜지 않고 수분이 많아서 간식 겸 먹으면 갈증도 해소되고 좋다.

산젠인에서 도보 4분
09:00~16:30
수요일 휴무
京都市左京区大原三千院道大原勝林院町58
075-744-2226

술 빚는 거리

후시미

伏見

교토시 남부에 자리한 후시미는 지금은 교토시에 속하는 구역이지만, 과거에는 교토와 별개의 도시였다. 오사카와 교토를 잇는 중계도시로서 독자적인 문화와 역사를 길러온 곳이다. 풍부한 자연환경 덕분에 교토에서도 일찍 농경이 시작되었고, 워낙 경치가 훌륭해 헤이안 시대에는 왕실과 귀족의 별장지로 인기가 높았다.

후시미는 예부터 일본 전국에서 손꼽힐 정도로 좋은 샘물이 솟아나기로 유명했다. 후시미의 물은 술 빚기에 적합한 중경수. 철분이 적고 칼륨, 칼슘 등 미네랄을 골고루 함유한 중경수는 발효가 천천히 진행되기 때문에 술의 거친 맛이 없어지고 신맛이 적은 부드러운 사케로 완성된다. 사케의 명산지로 유명한 효고현 나다灘의 술이 경도가 높은 지하수를 이용해 드라이한 맛을 내기 때문에 남자의 술이라고 부르는 데 반해, 후시미의 술은 여자의 술이라고 부르는 이유가 바로 이것이다.

청주(니혼슈)는 효고현의 나다에 이어 교토가 점유율 2위로 일본 전체 소비량의 15% 정도를 차지하고 있는데, 그중 99%가 후시미의 술이니 교토 술=후시미 술이라고 해도 과언이 아니다. 후시미의 술은 재료 본연의 맛을 살리고 간을 적게 하는 교토의 전통 요리와 궁합이 매우 좋다.

짓코쿠부네 十石舟

에도 시대 오사카와 후시미를 오가며 사람뿐 아니라 술이나 쌀 등을 실어 나르는 중요한 교통수단이었던 수송선 짓코쿠부네. 지금은 관광선으로 활용되어 운치 있는 뱃놀이를 즐길 수 있다. 뱃놀이 코스가 되는 수로는 과거 후시미 성 밖으로 둘러 판 인공 호수였던 호리카와濠川. 수로 양옆에는 흙벽으로 지어진 독특한 양조장 건물이 늘어서 있어 일본의 여느 지역과는 다른 독특한 풍경을 감상할 수 있다. 술 제조가 한창일 때는 일대에 쌀을 찌거나 술이 발효되는 향이 사방으로 퍼져 양조장 마을의 정취가 물씬하다. 수로 양옆에 서있는 버드나무들이 아름답고, 봄에는 벚꽃, 가을에는 단풍을 즐길 수 있어 더욱 인기가 높다. 배에는 20명을 태울 수 있는데, 20분 간격으로 운행되니 사람이 많아도 걱정할 것은 없다. 지붕이 씌워진 나무배는 베테랑 사공이 이끌고 뱃놀이 중에 후시미의 역사와 볼거리에 대해서 일본어로 설명도 해준다. 뱃놀이는 55분 동안 이뤄지며, 한겨울에는 운행하지 않는다.

게이한 전철 주쇼시마역에서 도보 5분, 월계관 오쿠라 기념관 옆 수로변 선착장
3/18~12/3 10:00~16:20 (11/25~12/3은 15:40이 마지막 출발편)
월요일(공휴일은 운행), 8/14~8/31 휴무
중학생 이상 1,500엔, 초등학생 이하 750엔
kyoto-fushimi.or.jp/fune/

TIP. 운행일은 매년 조금씩 변경된다. 벚꽃, 단풍철에는 인기가 높아 홈페이지 예약이 필수

월계관 오쿠라 기념관

月桂冠大倉記念館

한국 사람들에게 가장 대중적으로 익숙한 사케 브랜드 하면 월계관月桂冠(겟케이칸)이지 않을까. 이곳은 월계관의 옛 양조장 건물을 개조해 박물관으로 운영하고 있다. 후시미의 사케 양조 기술과 역사를 알기 쉽게 소개하고 민속문화재로 지정된 주조 도구들을 전시하고 있다. 월계관 창업의 역사와 사케 병들도 전시해 꽤 흥미롭다. 견학 후에는 3가지 사케를 선택해 시음할 수 있고(기념품으로 대체 가능), 시음잔은 기념으로 가져갈 수 있다. 기념관 내 숍에서 월계관의 다양한 사케와 사케잔, 안주류를 구입할 수 있다.

게이한 전철 주쇼시마역에서 도보 5분
09:30~16:30(접수 마감 16:00) | 8/13~8/16, 12/28~1/4 휴무
일반 600엔, 13~19세 100엔
京都市伏見区南浜町247番地
075-623-2056
www.gekkeikan.co.jp/enjoy/museum/

쓰키노 쿠라비토

月の蔵人

월계관의 옛 양조장을 개조해 월계관의 다양한 사케와 일본 요리를 함께 즐길 수 있는 레스토랑으로 운영하고 있다. 천장의 대들보를 노출시켜 전통적인 분위기를 유지하면서도 세련되고 고급스러운 인테리어로 내부가 상당히 넓다. 점심은 정식 메뉴(1,980엔~)를 선보이는데 식당에서 직접 만드는 자루두부가 포함된 일본 요리 정식부터 샤브샤브, 장어덮밥 등 다양한 메뉴를 선택할 수 있다. 저녁은 사케에 어울리는 단품 요리(750엔~) 중심으로 제공하고 있다. 월계관의 대중적인 술부터 한정 상품까지 이렇게 다양하게 마셔볼 수 있는 식당은 이곳뿐이다.

게이한 전철 후시미모모야마역에서 도보 6분
11:00~15:00, 17:00~22:00(토·일·공휴일 저녁 영업은 16:00부터)
연초, 오본 휴무
京都市伏見区上油掛町185-1
075-623-4630
www.tsukinokurabito.jp

후시미 사케구라코지

伏水酒蔵小路

여러 가게의 안주와 사케를 다양하게 주문해서 맛볼 수 있는 푸드코트 스타일의 이자카야. 안주는 8개의 가게에서 일본 요리를 시작으로 꼬치튀김, 오뎅, 오코노미야키, 스시, 철판구이, 라멘, 양식 등 이것저것 시켜서 함께 먹을 수 있다. 사케는 후시미의 사케 120종을 갖춘 사카구라에서 주문하면 된다. 인기 메뉴는 18양조장 시음세트十八蔵のきき酒セット(2430엔). 후시미의 양조장 18곳의 사케를 1잔씩 맛볼 수 있는 세트로, 마시는 순서와 온도 변화까지 고려해 사케를 선정하고 있다.

게이한 전철 후시미모모야마역에서 도보 5분
11:00~22:00
京都市伏見区平野町82-2~納屋町115
075-601-2430

산책이 즐거운 녹차 마을

우지

宇治

교토역에서 20분이면 갈 수 있는 우지는 반나절 즐겁게 산책하며 여행하기에 무척 좋은 동네다. 삼면이 산에 둘러싸여 있고 강이 흐르는 우지는 예부터 경치가 아름다워 교토가 도읍이던 헤이안 시대 귀족들이 사랑한 휴양지였다. 세계문화유산으로 지정된 역사 깊은 사찰 뵤도인이 있는 곳이고, 일본 최초의 고전소설이자 최초의 여성 작가 작품인 <겐지 이야기源氏物語>의 무대가 되기도 했다.

우지 산책이 즐거운 또 다른 이유는 바로 우지차다. 800년 전 차 재배를 시작한 녹차 마을 우지는 시즈오카, 사야마와 함께 일본의 3대 고급 차 산지로 불린다. 교토역이나 시내 중심지에서도 자주 볼 수 있는 차와 말차 디저트 전문점인 이토큐에몬伊藤久右衛門, 나카무라토키치中村藤吉, 쓰지리헤이辻利兵衛의 본점이 모두 우지에 있다는 것만 봐도 잘 알 수 있다. 한가로운 강변을 걸으며 풍경을 즐기고 교토에서 가장 화려한 사찰 뵤도인을 둘러본 후 참배길에서 말차 디저트를 맛보며 유유자적 시간을 보내기 좋은 동네다.

게이한 기온시조역에서 게이한 본선 승차해 주쇼지마역에서 게이한 우지선으로 환승, 우지역 하차(36분 소요, 320엔). 또는 JR 교토역에서 쾌속으로 20분(240엔), JR 우지역 하차

우지 다리 宇治橋

646년에 처음 지어진 우지 강변의 랜드마크. 일본의 가장 오래된 다리 중 하나로 꼽힌다. 다리는 여러 번 무너지고 재건하기를 반복했고, 지금의 다리는 1996년 설치된 것인데 옛 다리의 모습을 그대로 재현했다. 매년 우지의 차 축제 때는 이곳에서 찻물 길어 올리기 의식이 진행될 만큼 차의 역사와도 관계 있는 곳이다. 다리 위에서 보는 우지 강의 풍경이 무척 아름다워 국가 중요 문화 경관으로 지정될 정도. 다리를 건너 뵤도인의 참배길로 들어서면 초입에 〈겐지 이야기〉의 저자인 무라사키 시키부의 동상이 있다.

게이한 우지역에서 도보 2분

뵤도인 平等院

세계문화유산으로 지정된 천년 사찰. 교토가 도읍이었던 헤이안 시대 후기는 전염병과 자연재해가 잦아 죽음에 대한 불안감이 확산되며 극락정토에 대한 동경이 커지던 시기였다. 그런 사회 분위기 속에서 별장을 사찰로 고쳐 뵤도인을 세운 것이 1052년. 그 이듬해에 봉황당을 건립했는데, 중당과 2개의 익랑, 오랑으로 이루어진 화려한 건물은 봉황이 날개를 펼친 모양이라 해서 봉황당으로 불리게 되었다. 마치 연못 위에 떠있는 듯한 붉은색의 무척 화려한 건축물이다. 사찰에서 부처상을 모신 봉황당이 이렇게 화려한 모습을 가지게 된 것은 당시 경전 속에 나오는 극락보전에 떠있는 아미타여래의 궁궐과 정원을 모티브로 건축했기 때문이다. 화려한 건축미를 추구해 비주얼에만 치중한 나머지 전혀 실용적이지 않은 건물이 되었다는 것을 알 수 있다. 중당과 양쪽의 익랑은 연결되어 있지 않아서 왕래할 수가 없는 데다, 전체적으로 기둥이 높은 것에 비해 구조적으로 매우 불안정하다. 그런 이유로 정기적인 수리는 필수적이다. 봉황당 안에는 아미타여래상을 비롯해 국보가 무려 74점이나 있어 일본에서 가장 국보의 밀도가 높은 사찰이다. 역사적 가치가 높은 곳이어서 일본의 10엔짜리 동전에 봉황당이 새겨져 있다.

뮤지엄 봉상관은 무척 모던하고 현대적인 공간이다. 극락정토를 표현한 뵤도인의 경관을 훼손하지 않기 위해 지하에 건설했다. 봉황당 지붕에 있던 건립 초기의 봉황상, 운중공양보살상, 초대 범종 등 국보를 비롯한 문화재들이 다수 전시되어 있다. 봉황당 앞 연못을 둘러싼 정원은 정토식 정원의 걸작. 사시사철 달라지는 풍경은 언제 가도 아름답다. 경내에는 약 200그루의 단풍나무가 심어져 있어서 단풍철이면 붉게 물든 단풍과 붉은색의 봉황당이 어우러져 더욱 화려한 풍경을 뽐낸다.

게이한 우지역에서 도보 9분
정원 08:30~17:30, 봉황당 09:30~16:10, 뮤지엄 봉상관 09:00~17:00
정원+뮤지엄 봉상관 일반 600엔, 중고생 400엔, 초등학생 300엔 / 봉황당 별도요금 300엔
宇治市宇治蓮華116
0774-21-2861

아사히야키 숍 앤 갤러리 朝日焼 shop & gallery

차 문화로 유명한 우지의 도자기를 '아사히야키'라고 부른다. 우지에 처음 가마터를 세운 지 400년이 흐른 지금까지 16대에 걸쳐 아사히야키의 전통을 계승하고 발전시키고 있다.
이곳은 아사키야키를 전시하고 판매하는 쇼룸으로, 아름다운 우지 강변에 자리하고 있다. 전통 가옥을 개조한 쇼룸은 다다미방과 목조를 살린 모던한 분위기. 머그컵, 커피컵이나 다기, 식기부터 캔들 컵, 꽃병 등 장식용 도자기까지 실용적인 제품들이 많다. 가격대가 좀 있지만 구경하는 것만으로도 감각을 키우는 즐거운 시간이 된다.

게이한 우지역에서 도보 7분
10:00~17:00
월요일(공휴일이면 다음날), 마지막 화요일,
12/27~1/4 휴무
宇治市宇治又振67番地
0774-23-2511
asahiyaki.com

우지 스루가야 宇治駿河屋

우지차로 만든 일본식 떡과 디저트를 판매하는 가게로 100년 역사를 가진 노포. 추천 메뉴는 차 당고抹茶団子. 마치 쑥떡처럼 진한 녹색의 귀여운 경단(차 당고 2개와 녹차 세트 280엔)은 향긋한 차 향이 나면서 담백한 맛이라 간식으로 먹기 그만이다.

게이한 우지역에서 도보 4분
09:00~17:00 | 화~수요일 휴무
宇治市宇治蓮華40
0774-22-2038

나카무라 토키치 뵤도인점 中村藤吉本店 平等院店

게이한 우지역에서 도보 6분
10:00~17:00
부정기, 1/1 휴무
宇治市宇治蓮華5-1
0774-22-9500
tokichi.jp

뵤도인의 참배길에 있는 오래된 료칸 건물을 개조해 외관은 그대로 살리고 내부는 모던하게 리노베이션한 차 전문점. 녹차와 말차라테 등의 음료와 말차 젤리, 말차 파르페 등 차를 사용한 다양한 디저트를 맛볼 수 있다. 가게 안에서 아름다운 우지 강의 풍경도 감상할 수 있어 잠시 휴식하기에 최고의 장소이다. 말차 파르페인 미도리의 세계みどりの世界(1,800엔), 나카무라 토치키의 명차로 유명한 나카무라차中村茶(500엔)를 추천한다.

스타벅스 커피 뵤도인점

Starbucks Coffee 京都宇治平等院表参道店

게이한 우지역에서 도보 10분
08:00~20:00 | 부정기 휴무
宇治市宇治蓮華21-18
0774-25-7277

차로 유명한 우지까지 와서 스타벅스에 가야 하나 싶기도 하지만 1일 1커피는 놓칠 수 없다. 뵤도인의 참배길 근처 아늑한 곳에 자리한 뵤도인점은 일본 전통 건축을 콘셉트로 한 독특한 매장. 맞배지붕의 층고가 높은 단층 건물, 건물을 둘러싼 아름다운 정원, 운치 있는 야외 벤치까지, 차의 마을 우지의 분위기에 잘 어울리는 곳이다. 카페 내부도 전통 다실을 콘셉트로 디자인하고, 교토 칠예와 원두의 마대자루를 조합한 예술작품을 걸어두어 독특한 공간이 되고 있다.

귀족들이 사랑한 풍경

아라시야마

嵐山

도심에서 벗어나 교토의 아름다운 자연을 만끽할 수 있는 동네가 많지만, 그중에서도 여행자에게 가장 인기 높은 곳이 바로 아라시야마다. 교토가 도읍이던 헤이안 시대 귀족들이 이곳에 별장을 짓는 것이 유행이었고 강에서 뱃놀이 하며 풍류를 즐기는 것이 일상이었다고 하니 아라시야마의 인기는 예나 지금이나 변함이 없다. 일본 영화에서 자주 본 듯한 멋진 대나무숲과 사찰, 가쓰라 강의 아름다운 풍광과 아기자기한 강변 산책로, 다양한 맛집과 리버뷰 카페, 전통 료칸들까지 여행의 모든 요소를 갖춘 곳이다. 일 년 내내 인기 많은 아라시야마이지만 5천 그루의 벚나무가 만발하는 벚꽃철, 거리와 산을 온통 붉게 물들이는 단풍철은 그야말로 아라시야마의 가장 아름다운 표정을 즐길 수 있는 최고의 시기다. 교토 중심부에서 전철로 20분이면 갈 수 있어 교토 시민들도 무척 사랑하는 동네다.

한큐 교토카와라마치역에서 오사카우메다행을 타고 가쓰라역에서
아라시야마행으로 환승해 아라시야마역 하차(20분, 240엔).
또는 JR 교토역에서 산인 본선을 타고 사가아라시야마역 하차(17분, 240엔)

가쓰라 강 桂川

아라시야마의 아름다운 풍경을 만드는 일등공신은 바로 가쓰라 강이다. 가쓰라 강을 더욱 운치 있게 만드는 것이 바로 도게츠 교. 헤이안 시대인 9세기 초에 처음 세워졌는데, 여러 차례 재건을 거쳤지만 지금도 전통적인 모습을 유지하고 있다. 이곳의 풍광이 워낙 아름답기 때문에 우키요에의 배경으로도 수없이 등장한 아라시야마의 대표적인 풍경이다. 옛날 교토 귀족들처럼 뱃놀이 체험을 할 수 있는 것도 재미있다. 가쓰라 강이 아름다운 이유는 주변을 둘러싼 산들도 한몫 한다. 동네의 이름인 아라시야마는 원래 가쓰라 강변의 산을 가리키는 이름인데, 가메야마, 마쓰오산, 오쿠라산 등 주변 다른 산들과 산기슭의 지역을 통틀어 아라시야마라고 부르게 되었다. JR 사가아라시야마역 옆에는 토롯코 사가역이 있는데 클래식한 관광열차 토롯코 열차를 타고 주변 계곡과 산속을 달리며 전망을 즐기는 체험도 할 수 있다.

한큐 아라시야마역에서 도게츠 교까지 도보 6분

치쿠린
竹林

아라시야마, 아니 교토 하면 떠올리는 대표 이미지 중 하나가 바로 대나무숲, 치쿠린이다. 넓은 대나무숲에 산책할 수 있는 오솔길이 만들어져 있는데 길 양쪽으로 하늘까지 가리는 키 높은 대나무들이 빼곡하게 서있어 신비로운 분위기를 자아낸다. 주변에 관광객들만 없다면 마치 옛 일본으로 타임슬립한 기분이 들기도 한다. 산책로는 노노미야 신사에서 덴류지 북문을 지나 오코우치 산장까지 약 400m에 이르는데, 안쪽으로 들어갈수록 더욱 아름다우니 오솔길 초반에서 너무 오래 시간을 보내지 말고 안쪽까지 걸어보자. 오전부터 사람이 많은 인기 명소이므로 대나무숲의 운치를 제대로 느끼려면 이른 아침에 찾는 것이 좋다.

한큐 아라시야마역에서 도보 7분
京都市右京区嵯峨天龍寺芒ノ馬場町

덴류지 天龍寺

1339년 창건된 임제종 사찰로 세계문화유산으로 지정된 곳이다. 이 땅은 원래 사찰이었다가 문을 닫은 후 왕족의 별장으로 쓰였는데, 1339년 고다이고 일왕의 명복을 빌기 위해 다시 덴류지가 창건되었다. 과거에는 도게츠 교와 덴류지 서쪽 가메야마 공원까지 펼쳐지는 거대한 가람이었다. 하지만 잦은 화재로 많은 건물이 소실되고 지금은 당시 규모의 10분의 1인 3만 평 부지에 대방장, 서원, 다보전 등이 남아 있다. 물론 지금도 교토의 사찰 중에서는 상당히 규모가 큰 편에 속한다. 덴류지의 가장 큰 매력은 바로 정원이다. 큰 연못을 중심으로 700년 전 조성된 지천회유식 정원인데, 큰 연못 뒤로 펼쳐지는 가메야마, 아라시야마 산등성이의 모습이 무척 아름답다. 특히 단풍철에는 연못을 둘러싼 나무는 물론이고 뒤쪽 산을 물들인 단풍까지 하나의 그림처럼 연결되어 장관을 이룬다. 눈 내린 겨울의 설경도 일품이다. 이 경치는 국가지정 사적, 특별명승 1호로 지정될 만큼 국보처럼 여겨지고 있다. 정원 외에도 달마도, 천장화 운룡도, 목조석가여래좌상 등 곳곳에 볼거리가 많은 사찰이다.

한큐 아라시야마역에서 도보 15분
08:30~17:00
정원: 고등학생 이상 500엔, 초중학생 300엔 | 사찰: 정원 요금에 300엔 추가
법당의 운룡도 특별공개 500엔(09:00~16:30, 토·일·공휴일만 공개, 봄가을에는 매일 공개)
京都市右京区嵯峨天龍寺芒ノ馬場町68
075-881-1235

사료 핫스이

茶寮 八翠

아라시야마의 대표적인 럭셔리 료칸 중 하나인 스이란의 카페. 숙박객이 아니라도 이용할 수 있는 곳이다. 이곳을 추천하는 이유는 바로 아라시야마에서 가장 아름다운 리버뷰를 볼 수 있는 곳이기 때문. 아라시야마 산과 가쓰라 강의 풍경은 아름답고 호젓하다. 푸른색, 때로는 에메랄드빛을 띠는 강물이 흘러가는 모습을 바라보는 것만으로 행복해지는 기분이다. 고급 료칸 호시노야의 배가 지나는 모습을 자주 볼 수 있는데 이 또한 풍경에 운치를 더하는 포인트. 날씨가 좋을 때는 야외 테이블을 추천한다. 호텔 카페라 가격대(음료 1,000엔~, 디저트 1,500엔~, 애프터눈티 6,100엔~)가 높지만 풍경 값이라 생각하면 아깝지 않다.

한큐 아라시야마역에서 도보 15분
11:00~17:00
京都市右京区嵯峨天龍寺芒ノ馬場町12
075-872-1222
www.suihotels.com/suiran-kyoto/

빵과 에스프레소와 아라시야마 정원

パンとエスプレッソと嵐山庭園

한큐 아라시야마역에서 도보 15분
08:00~18:00 | 부정기 휴무
京都市右京区嵯峨天龍寺芒ノ馬場町45-15
075-366-6850
bread-espresso.jp

도쿄에서 시작한 인기 빵집 '빵과 에스프레소와'의 아라시야마 지점은 정말 특별하다. 지은 지 200년 된 전통가옥(심지어 문화재이다)을 이용한 카페 공간은 교토니까 가능한 스타일. 교토 도심에서 많이 볼 수 있는 전통가옥 마치야와도 분위기가 완전히 다른데, 그건 눈이 많이 오는 교토 북부의 농가 주택을 아라시야마로 옮겨 복원한 것이기 때문. 천장이 높고 경사가 급한 초가지붕, 옛 모습을 그대로 살린 낡은 벽과 기둥, 좌식과 입식 테이블이 놓인 다다미방, 툇마루의 방석과 야외테이블, 아름다운 석정까지 어느 것 하나 예쁘지 않은 것이 없다. 식사를 겸한다면 음료가 포함된 파니니 세트(1,600엔)나 브런치 세트(3,000엔)가 좋고, 말차 프렌치 토스트(1,500엔), 과일 샌드위치(1,500엔) 등도 맛있다.

아라비카

% ARABICA

지금은 서울, 뉴욕을 비롯해 세계 여러 도시에 지점을 내고 있는 커피 전문점 아라비카. 그럼에도 불구하고 아라시야마점에는 꼭 들르고 싶다. 바로 호젓한 가쓰라 강변에 앉아 커피(350엔~)를 즐기는 여유 때문이다. 강변에 서있는 검은 기와의 흰색 건물로 멀리서도 존재감을 드러내는 아라비카는 엄선된 원두로 내리는 진한 에스프레소 커피를 선보이는데 누구나 좋아하는 호불호 없는 맛이다. 아라시야마에서 이런 커피를 내는 곳이 많지 않기에 항상 줄을 선다. 테이크아웃만 가능.

한큐 아라시야마역에서 도보 11분
09:00~18:00 | 부정기 휴무
京都市右京区嵯峨天龍寺芒ノ馬場町3-47
075-748-0057

아라시야마 노무라

嵐山のむら

아라시야마의 메인 스트리트에서 살짝 골목 안으로 들어가면 만나게 되는 작은 카페. 음료와 다양한 디저트 메뉴가 많지만 이곳의 시그니처 메뉴는 다름 아닌 네기야키ねぎ焼き(960엔)다. 신선한 파를 듬뿍 넣고 다진 곤약과 소곱창, 어묵, 계란 등이 듬뿍 들은 교토식 오코노미야키로, 얇고 바삭한 반죽에 사이즈도 적당해 혼자서 간식으로 먹기 딱 좋다. 민가를 개조한 카페 분위기도 좋고 안쪽의 작은 정원도 무척 귀엽다.

한큐 아라시야마역에서 도보 11분
11:00~17:00
화~수요일 휴무(공휴일은 영업)
京都市右京区嵯峨天龍寺造路町35-20
075-881-1651

잊을 수 없는 교토의 맛

스가리
혼케오와리야
오쿠탄 키요미즈
이노다 커피
라 마드라그
가네쇼
히노데 우동
시미즈 잇포엔
기온 코모리
기온 키나나
킷쇼카료 교토

잇포도차호
기온 키타가와 한베
유겐
니조코야
클램프 커피 사라사
트래블링 커피
위켄더스 커피 토미노코지
교마치야 오반자이 코하쿠
마스야 사케텐
산사로
니코미 스즈야

교토인의 일상 속으로 한 걸음 더

전통 가옥에서 맛보는 교토의 맛

교토가 현재까지 천년 수도의 위엄을 지킬 수 있는 이유 중 하나는 마치야町家일 것이다. 마치야란 지금의 상가주택처럼 1층은 가게로, 2층은 가정집으로 사용하는 일본의 전통 목조가옥 형태. 특히 교토에는 마치야가 무척 많았고 지금도 상당히 많은 수가 거리에 남아있다. 적게는 백 몇십 년에서 길게는 수백 년을 훌쩍 넘는 가옥들. 이들이 바로 교토를 교토답게 만드는 풍경이다. 현재는 대부분 숙박시설이나 식당, 카페, 상점 등으로 활용되고 있어 여행자들이 교토를 더욱 가깝게 느끼게 해주기도 한다.

교토에 유명 사찰과 신사가 많지만 교토인들의 일상이 숨쉬는 마치야 식당들이야말로 교토의 정취에 흠뻑 빠져들 수 있는 공간. 프라이버시를 보호해주는 격자창, 폭은 좁지만 안으로 깊숙이 들어간 구조, 안쪽에 숨어있는 아담한 정원, 낮은 이층에서 내려다보는 거리와 맞은편 마치야의 고즈넉한 모습까지. 겸손하면서도 절대 속내를 보이지 않는 교토인 특유의 기질과도 닮아 있다.

가장 교토스러운 라멘집

스가리

すがり

구글맵을 보며 간판도 없는 낡은 전통 가옥 앞을 몇 번이나 지나치다 혹시나 해서 들어가보니 격자창으로 구분된 세련된 전실 공간이 펼쳐진다. 아무도 없는 1층 전실에서 손님이 직접 태블릿PC로 주문하고 결제까지 마치는 선불 시스템. 신용카드나 간편결제만 사용하는 현금 없는 매장이다.

주문표를 들고 2층으로 올라가면 갑자기 모던한 원테이블 레스토랑이 나타난다. 서까래를 그대로 노출해 전통 가옥의 분위기를 살리면서 내장은 모두 리노베이션을 거쳐 미니멀한 모노톤의 세련된 공간으로 탈바꿈시켰다. 세로로 뻗은 공간에 자리 잡은 길고 긴 원테이블의 존재감이 대단하다. 마주 보며 식사하는 것이 아니라 오픈 키친을 바라보도록 한쪽에만 좌석이 일렬로 놓여져 있는 것이 흥미롭다. 카운터석의 새로운 스타일이다.

낮은 조도의 식당은 꽤 조용하다. 말소리도 별로 들리지 않고 후루룩 면을 흡입하는 소리만 들릴 뿐이다. 점원에게 주문표를 건네면 잠시 후 검은색 테이블매트 위에 주문한 라멘이 놓여진다. 이 고요함과 묵직함을 즐기며 라멘에 집중하게 된다.

지하철 가라스마오이케역에서 도보 6분
京都市中京区滕屋町178番地
11:30~15:00, 18:00~22:00(재료 소진시 조기마감)
12/31~1/3 휴무
www.sugari.net

스가리의 시그니처 메뉴는 곱창 라멘らーめんもつ과 곱창 츠케멘つけめんもつ(소스에 면을 찍어 먹는 라멘)으로, 기본은 1,000엔이며 차슈 추가 등 옵션에 따라 가격이 달라진다. 닭뼈와 멸치, 가다랑어포로 낸 육수에 수제 간장으로 맛을 내 깔끔하면서 진한 수프에 통밀가루를 사용한 쫄깃쫄깃한 수타면을 넣고 그 위에 양배추와 쪽파, 마늘쫑을 얹은 후 불향을 입힌 곱창과 차슈, 대파를 올려 고소한 향이 코끝을 자극한다. 특히 소곱창은 질기지 않고 씹을수록 고소한 맛이 배어나와 라멘과의 궁합이 훌륭하다. 테이블의 서랍을 열면 교토 오하라산 차조기, 산초, 흑후추, 고춧가루 양념통이 가지런히 들어있어 취향대로 맛의 변화를 즐길 수도 있다.

식사를 마치고 테이블 맞은편으로 걸어나가니 밝은 통유리창을 통해 환한 햇볕이 비추는 소박한 정원이 내려다 보인다. 계단을 내려와 정원을 둘러보고 어둡고 짧은 복도를 걸어나오면 처음 들어온 전실로 나오게 된다. 이 모든 과정이 (과장을 조금 보태) 하나의 의식을 치르는 듯하다.

500년의 세월을 눈과 혀로 즐긴다

혼케오와리야 본점

本家尾張屋 本店

1465년 창업해 무려 16대를 이어온 550년 역사의 노포. 화과자점으로 시작했으나 에도 시대 중기 소바 식당을 시작하며 명성을 쌓기 시작했고, 약 130년 전 현재의 본점 자리로 이전했다. 역사가 느껴지는 목조 가옥은 차분하면서도 특유의 정서가 느껴지는 전통적인 공간. 입구에 걸린 노렌에 써있는 한자는 보배 보寶. 메밀은 행운을 주는 음식이라고 해서 그릇에도 같은 글자를 새겨놓은 점이 재미있다.

130년이 지난 지금까지도 전통 가옥의 내부를 그대로 살려 유지하고 있으며, 다실이었던 1층의 다다미방과 거주 공간이었던 2층의 다다미방, 테이블석에서 소바(880~2,420엔)를 맛볼 수 있다.

오랜 역사를 이어온 고집은 재료 선택에서 잘 드러난다. 홋카이도의 농가와 계약재배를 통해 공수한 최상급 메밀을 사용해 매일 아침 소바를 뽑고 주문이 들어오는 대로 면을 삶는다. 이는 모두 메일의 향과 쫄깃함을 살리기 위한 노력. 물 좋기로 유명한 교토의 지하수를 사용해 홋카이도 리시리산 다시마와 가다랑어포, 고등어포를 아낌없이 사용해 육수를 내는데 재료 각각의 향은 살리면서도 부드럽고 깊은 감칠맛의 국물은 메밀의 향과 조화롭게 균형을 이룬다.

지하철 가라스마오이케역에서 도보 2분
11:00~15:00
화요일 휴무
京都市中京区車屋町通二条下ル仁王門突抜町322
075-231-3446
honke-owariya.co.jp

Closed

풍경까지 맛있는 교토식 한상차림

오쿠탄 키요미즈점

奥丹 清水

1635년 창업한 380년 역사의 노포. 사찰음식점으로 시작했으나 15대를 이어오며 현재는 두부요리 전문점으로서 맛과 분위기를 유지하고 있다. 600평의 정원을 가득 메운 나무와 풀, 꽃, 바위, 그 사이로 흐르는 개울. 계절의 변화를 감상하며 식사를 하기 위해 이곳을 찾는다. 이 정원의 지하에는 두부 공방이 있는데, 매일 아침 이곳에서 장인이 두부를 만들어 손님에게 내고 있다. 콩 본연의 단맛과 풍미를 강하게 느낄 수 있는 수제 두부는 창업 초기의 맛을 유지하기 위해 지금도 옛 전통 방식 그대로를 유지하고 있다. 멧돌로 일일이 콩을 갈고, 옛날 방식으로 소금에서 직접 천연 간수를 추출해 콩물을 응고시켜 두부를 만든다. 응고제를 사용하는 시판 두부는 혀로 핥았을 때 톡 쏘는 감각이 남는데 천연 간수를 사용한 두부를 핥으면 담백하고 순한 맛이 나는 것이 특징이다. 두부를 만들고, 요리에 사용하는 물 또한 각별하다. 교토 옆에 자리한 시가현 기타히라 지방의 지하수를 사용한다. 이러한 재료에 대한 고집이 바로 380년의 전통을 유지시킨 힘이다. 메뉴는 코스 요리 3가지 중에 고를 수 있는데, 그중 무난한 것은 오키마리 두부 코스おきまり一通り(3,300엔). 두부 본연의 맛을 즐길 수 있도록 물에 데워 먹는 유도후, 참마즙, 참깨두부, 사찰식 채소 튀김, 제철 반찬, 밥, 산초나무 순으로 만든 달달한 된장소스를 얹은 두부구이가 나온다. 창밖의 정원 풍경을 눈으로 즐기며 요리의 맛을 하나하나 느끼고, 마지막에 디저트와 차로 마무리할 수 있어 오래도록 기억에 남는 교토식 한상차림이 될 것이다.

게이한 기온시조역에서 도보 15분

월~수, 금 11:00~16:30, 토일 11:00~17:00 | 목요일 휴무

京都市東山区清水3-340 | 075-525-2051

www.tofuokutan.info

음식을 보면 교토가 보인다

교토인들의 소울푸드

교토 하면 일본 전통 요리라는 이미지가 강하지만, 실제 교토 사람들이 사랑하는 음식들과는 거리가 있다. 우리가 매일 한정식을 먹지 않는 것처럼 말이다. 진짜 교토 사람들의 일상 속으로 들어가려면 교토 사람들이 즐겨 먹고 사랑하고 위로 받는 소울푸드를 맛보는 것이 가장 좋은 방법이다.

의외일지 모르지만 교토의 빵 소비량은 자주 일본 전국 1위를 차지한다. 빵을 많이 먹다 보니, 교토는 우유 소비량도, 버터 소비량도 일본 1위. 아침 식사는 무조건 빵을 먹는다는 사람들도 많다. 과거 메이지 시대 고베에 서양인들이 들어와 살면서 빵집이 급격히 늘어났는데, 모든 분야에서 유행의 첨단을 걷는 교토 사람들은 고베에서 제빵을 배워와 빵집을 열기 시작했다. 교토 사람들이 빵을 좋아하게 된 이유는 옛날부터 새로운 것을 좋아하는 문화 때문이었을지도 모르겠다.

또 교토 사람들이 좋아하는 음식은 우동. 교토식 우동은 면이 얇고 부드러운 편으로 특히 육수에 무척 까다롭다. 교토는 요리와 함께 육수 문화가 발달했는데, 가다랑어와 다시마의 풍미를 살린 싱거운 육수는 맑고 개운하면서 시원한 맛이 일품이다. 우동은 여기에 연한 간장을 넣어 맛을 내는 것. 교토 사람들은 집에서도 우동을 만들어 먹고, 아플 때나 해장할 때는 꼭 우동을 먹는다는 말이 있을 정도로 우동 사랑이 대단하다.

교토가 전국 1위인 것이 또 있다. 바로 장어 지출금액이다. 특히 장어요리는 여름철 몸보신 음식으로 인기가 높다. 우리는 복날엔 삼계탕이지만, 일본에서는 복날에 장어덮밥이다. 장어구이는 관동식과 관서식이 다르다. 장어를 한번 찐 후에 굽는 관동식과 달리, 관서식은 찌지 않고 장어를 바로 굽는 것이 특징. 그래서 관동식은 장어의 부드러운 맛을 즐기고 관서식은 겉이 좀 더 바삭하게 구워진 맛을 즐긴다. 교토 사람들은 관서식 장어구이만을 고집하며, 유일하게 장어덮밥에 계란지단을 올려 먹는 등 나름의 고집이 있다.

교토의 아침을 여는 찻집

이노다 커피

INODA COFFEE

교토 사람들에게 이노다 커피는 단순한 카페가 아니다. 사교의 장이고 추억의 장소다. 이노다 커피는 카페라는 말보다는 찻집, 킷사텐喫茶店이란 말이 어울리는 교토의 대표적인 노포 찻집 중 하나로 1940년 창업했다. 커다란 통유리창에 높은 천장, 클래식한 인테리어와 유니폼을 맞춰 입은 직원들까지 예전 모습을 그대로 유지하고 있다.

창업 때부터 지금까지 이노다 커피를 대표하는 핫 커피는 아라비아의 진주アラビアの真珠(690엔). 이노다만의 오리지널 블렌드 원두를 사용하고 우유와 설탕이 들어간다. 모카 커피를 베이스로 풍부한 향, 스모키한 맛, 산미가 적절히 조화를 이룬다. 다방 커피의 고급 버전이라고 불러도 좋을 것 같다.

교토 사람들은 이곳에서 빵과 커피로 아침 식사하는 것을 큰 즐거움으로 여긴다. 오전 11시까지만 주문할 수 있는 모닝 메뉴, 교토의 아침京の朝食(1,680엔)은 커피 또는 홍차에 스크램블 에그, 햄, 샐러드, 빵이 나오니 호텔 조식을 신청하지 않았다면 여기서 먹어보는 것도 좋겠다. 종일 주문할 수 있는 계란 샌드위치タマゴサンド(780엔)나 믹스 샌드위치ミックスサンド(1,230엔)도 맛있다.

지하철 가라스마오이케역에서 도보 6분
07:00~18:00(주문 마감 17:30)
京都市中京区堺町通り三条下る道祐町140番地
075-221-0507
www.inoda-coffee.co.jp

FRESHLY ROASTED COFFEE
INODA COFFEE
イノダコーヒ本店
INODA COFFEE CO.

COFFEE
OPEN

동네에 이런 아지트가 있다면

라 마드라그

LA MADRAGUE

교토에서 50년 동안 사랑받은 찻집(킷사텐)이 주인의 타계로 문을 닫자, 젊은 주인이 이를 인수해 마드라그로 이름을 바꾸고 운영한 지 십여 년. 남녀노소에게 폭넓게 인기 있는 명물 찻집으로 자리 잡은 곳이다.

가게의 이름은 여배우 브리지트 바르도가 프랑스 남부에 지었던 별장 이름에서 따왔다. 언제든 생활에 지치고 피곤할 때 찾고 싶은 곳이 되고 싶다는 마음에서 이런 이름을 지었다고. 여기가 유명해진 이유는 바로 코로나 계란말이 샌드위치コロナの玉子サンドイッチ(990엔) 덕분이다.

교토의 많은 곳에서 맛볼 수 있는 음식이지만, 특히 이곳이 유명한 이유는 한입에 베어 물기 힘들 만큼 두툼한 계란말이. 빵 두께만큼 두꺼운 계란말이는 육수를 사용해 감칠맛이 나면서 간이 적당하고 보들보들 부드러워서 빵과의 궁합이 절묘하다. 가게 분위기 또한 레트로한 킷사텐의 분위기를 살리면서도 젊은 감각을 가미한 귀여운 인테리어로 여성들에게 인기가 높다. 한쪽 벽면에는 책들이 죽 꽂혀 있어서 커피를 마시고 책도 보며 조용히 휴식을 취하기 좋다. 동네에 이런 찻집이 있다면 매일 찾아가고 싶을 것 같다. 나만의 귀여운 아지트로 삼고 싶은 곳이다.

지하철 가라스마오이케역에서 도보 9분
08:00~18:00(주문 마감 식사 17:00, 음료 17:30)
일요일 휴무
京都市中京区押小路通西洞院東入ル北側
075-744-0067
madrague.info

교토 1, 2등을 다투는 장어 맛집

가네쇼

かね正

기온의 뒷골목, 지나치기 쉬운 작은 간판을 찾아 안쪽의 허름한 골목을 지나면 노렌이 걸린 고급스러운 식당 입구가 나온다. 4대째 이어오고 있는 150년 전통의 노포로 일왕도 이곳의 장어덮밥을 좋아했다고 한다. 10명 정도 들어가는 아담한 가게로 들어가 앉으면 주방에서 주인장이 싱싱한 장어를 쇠꼬챙이에 끼워 숯불에 굽는 모습을 볼 수 있다. 타지 않도록 수없이 앞뒤로 뒤집으며 정성스럽게 굽기 때문에 요리가 나오기까지 30분 정도 걸린다.
추천 메뉴는 보들보들한 계란 지단을 갓 구운 장어 위에 올려주는 덮밥, 킨시동 きんし丼(2,400엔). 부드러운 계란과 양념 발라 구운 장어의 조합이 매우 훌륭하고 식감 또한 잘 어울린다. 장어구이는 껍질이 바삭하고 살은 통통하니 부드럽다. 밥은 가게의 특제 양념을 넣어 잘 섞은 후 내기 때문에 밥만 먹어도 맛있다. 이렇게 맛있는데 가격까지 착하니 사랑하지 않을 수 없다.

게이한 기조시조역에서 도보 1분
11:30~14:00, 17:30~21:30
목, 일요일 휴무
京都市東山区谷本大路通四条上ル常盤町
075-532-5830

TIP. 예약 추천. 간판이 매우 작으니 지나치지 않도록 조심

두고두고 생각나는 카레 우동

히노데 우동

日の出うどん

날씨가 쌀쌀해지면 생각나는 뜨끈한 우동. 평범한 국물 우동도 좋지만, 이곳의 매콤한 카레 우동을 맛보고 나면 두고두고 생각날 것이 분명하다. 1957년 창업해 4대째 운영 중인 히노데 우동은 의자와 테이블에서 세월이 느껴진다. 손님의 80%가 주문하는 카레우동은 소고기, 닭고기, 유부, 미역 등 고명의 종류가 여러 가지. 가장 인기 있는 특카레우동特カレーうどん(1,100엔)은 유부와 소고기, 파가 올라간다. 우동 국물은 가다랑어 육수에 카레를 넣어 끓인 걸쭉한 국물인데 한입 먹어보면 맛의 깊이에 깜짝 놀라게 된다. 매운맛은 5 단계 중에 고를 수 있다. 보통맛을 골라도 감칠맛 나는 매콤함을 느낄 수 있고, 자극적이지 않으면서 부드러운 맛이라 마지막 한 가닥까지 맛있게 먹을 수 있다.

지하철 게아게역에서 도보 15분, 난젠지에서 도보 8분
11:00~15:30
일요일, 첫째, 셋째 월요일(공휴일이면 다음 날) 휴무, 7, 8, 12월 부정기 휴무
京都市左京区南禅寺北ノ坊町36
075-751-9251

TIP. 웨이팅은 필수

교토와 닮은 맛
달콤쌉싸름한 디저트

천년 고도의 자부심으로 전통을 지키고 사랑하는 교토이지만, 새로운 문화를 받아들이고 트렌드를 만들어가는 데 있어서는 그 어느 도시보다 빠르고 민감한 곳 또한 교토다. 특히 디저트 문화에 있어서 교토는 독보적인 존재. 교토에서 처음 생긴 디저트 트렌드가 일본 전국과 해외로 퍼져나가는 것은 너무 흔한 일이다. 특히 교토의 전통 식재료를 활용해 만드는 디저트는 교토 여행에서 절대 놓칠 수 없는 즐거움.
차 문화로 유명한 교토인 만큼 오래된 녹차 전문점들이 많은데 시대 변화에 적응해가다 보니 차보다는 차를 활용한 디저트를 더욱 연구 개발하게 되었다. 그중에서도 말차 디저트는 교토를 대표하는 디저트로 케이크, 쿠키, 떡, 파르페, 아이스크림, 빙수 등 그 종류도 무척 다양하다.

진한 말차 무스의 청량한 맛

시미즈 잇포엔 교토본점

清水一芳園カフェ 京都本店

차 전문 도매상으로서 오랜 세월 고급 우지차를 취급해온 노하우로, 품질 좋은 녹차만 사용해 디저트를 만드는 곳이다. 시미즈 잇포엔의 녹차는 절구 하나에 하루 500g밖에 만들 수 없는 고급 우지차다. 이 고급 녹차를 듬뿍 넣어 만든 빙수, 말차설빙抹茶雪氷(1,280엔)이 이곳의 시그니처 메뉴.
두 가지의 품질 좋은 말차를 블렌드한 진한 차에 꿀을 넣은 후 에스푸마(휘핑 사이폰에 넣고 가스 캡슐을 이용해 차가운 무스 형태로 만드는 것)한 말차 무스가 무척 먹음직스럽고 포토제닉하다. 무스 거품이 촘촘하고 밀도가 있어서 부드러운 데다 진한 말차의 풍미가 청량하면서도 매력적인 쓴맛을 내고 뒷맛이 매우 깔끔하다. 그리 달지 않고 녹차의 산뜻함이 강해서 빙수 한 그릇을 다 먹고 난 후에도 입안이 개운하다. 우지녹차 맛 외에 호지차 빙수도 인기 있다.
한큐 교토가와라마치역 근처에도 모던한 카페 분위기의 지점이 있으니 편한 곳으로 가면 된다.

지하철 시치조역에서 도보 11분
11:00~16:30
월요일 휴무(공휴일이면 영업)
京都市東山区本瓦町665
075-202-7964
ippoen.co.jp

맛도 모양도 예쁜 콩가루 파르페

킷쇼카료 교토

KISSHOKARYO KYOTO

화려한 기온 거리의 북쪽, 옛 민가를 리노베이션한 매장은 낡은 모습을 일체 찾아볼 수 없는 모던하면서 차분한 분위기다. 킷쇼카료는 콩가루 디저트를 전문으로 하는 곳. 가게 안에 콩 로스팅 기계가 있어서 매장 안은 고소한 내음이 가득하다. 포토제닉한 비주얼로 여심을 사로잡은 콩가루 파르페焦がしきな粉パフェ(1,350엔)는 식감이 다양한 재료를 차례차례 쌓아올려 재미를 주고 맨 위에 고소한 콩가루를 듬뿍 뿌려 끝까지 질리지 않고 맛있게 먹을 수 있다. 고체화시킨 콩가루를 톡톡 두드려 부수면 안에는 바삭한 시리얼과 생크림, 바닐라 아이스크림, 호지차 젤리, 두부 푸딩이 들었다. 함께 주는 흑당 시럽과 콩가루를 뿌려 먹으면 더욱 맛있다. 1층 숍에서는 다양한 종류의 콩가루와 선물용 디저트를 판매하고 있다.

게이한 기온시조역에서 도보 11분
11:00~18:00
부정기 휴무
京都市東山区古門前通東大路東入ル石橋町306
075-708-5608

절묘한 단맛의 균형이 좋다

기온 코모리

ぎをん小森

기온의 가장 상징적인 곳, 기온시라카와 미나미 거리의 타츠미 다리 맞은편에 자리한 일본 디저트 전문점. 옛 전통 가옥을 그대로 사용하고 있어 교토의 정취를 한껏 느낄 수 있는 공간이다. 말차를 사용한 다양한 디저트를 맛볼 수 있는데 가장 인기 있는 메뉴는 말차 바바로아 파르페抹茶ババロアパフェ(1,600엔). 일본인들에게는 코모리 안미쓰小森あんみつ(1,300엔, 우뭇가사리 묵에 단팥, 과일, 아이스크림을 얹어 먹는 디저트)와 말차 와라비모찌抹茶わらびもち(1,300엔, 고사리전분과 말차로 만든 젤리 같은 떡)도 유명하다. 가게 2층 창가 자리는 타츠미 다리와 주변 풍경을 감상할 수 있는 명당 중의 명당이다.

게이한 기온시조역에서 도보 4분
11:00~19:00
월요일(일요일은 부정기), 12/28~1/1 휴무
京都市東山区新橋通大和大路東入ル元吉町61
075-561-0504
www.giwon-komori.com

마치야에서 맛보는 수제 아이스크림

기온 키나나

祇園きなな

전통 가옥 마치야가 늘어선 기온의 골목길에 자리한 수제 아이스크림 전문점. 착색료나 보존료를 일체 사용하지 않고 지방을 가급적 억제한 천연 재료만 사용하는 곳으로, 가게 안의 공방에서 바로 만든 아이스크림을 맛볼 수 있다. 가장 유명한 콩가루 아이스크림 외에도 검은깨, 팥, 검은밀, 말차, 쑥 등 제철 재료를 사용해 건강하고 고급스러운 맛이다. 추천 메뉴는 베리베리 키나나 파르페 음료 세트ベリーベリーきななドリンクセット(1,500엔~)와 갓 만든 키나나 아이스크림과 음료 세트できたてきななドリンクセット(1,000엔~).

게이한 기온시조역에서 도보 5분
11:00~17:30
목요일 휴무
京都市東山区祇園町南側570-119
075-525-8300
www.kyo-kinana.com

차 한잔에 담긴 교토의 문화

진화하는 일본차

다도, 화과자, 도자기, 가이세키 요리…. 교토에서 탄생한 전통 문화의 기원을 거슬러 올라가면 결국 차에 다다르게 된다. 그만큼 차가 교토 문화에 끼친 영향은 지대하다.

1191년 임제종의 시조인 에이사이 선사가 중국 송나라에서 차 종자를 가져왔고 교토 우지에서 차 재배가 본격적으로 시작되며 전국으로 퍼지게 되었다. 차 문화가 유행함에 따라 상류층 사람들의 기호품으로 찻잔 등 도자기 문화가 함께 발달했다. 당시 차 문화가 선종 사상을 기반으로 하다 보니, 기존의 화려한 장식을 배제하고 와비사비 철학(불완전한 것의 아름다움)을 반영한 심플한 디자인의 찻잔이 유행하게 되었다.

차에 곁들이는 화과자는 장인들의 경쟁을 통해 교토만의 아름다움을 지닌 독자적인 세계를 만들어갔다. 특히 화과자는 독특한 컬러 감각이 존재한다. 부드러운 컬러 그라데이션은 교토의 섬세한 계절의 변화를 훌륭하게 표현해낸다. 은은한 연분홍의 벚꽃잎, 청단풍, 단풍, 설경과 같은 사계절의 풍경을 과자 하나에 담아낸다는 것이 대단하다.

차는 가이세키 요리와도 관련이 있다. 가이세키懐石는 원래 다과에 초대한 손님에게 대접하는 식사 차카이세키茶懐石에서 시작된 것이다. 초반에는 간소한 차림이었지만 교토 상류층들의 니즈에 맞춰 발전을 거듭하며 지금의 화려한 차림새로 완성되었다.

일본차의 대명사인 말차가 처음 개발된 것도 교토이고, 최고급 녹차 품종인 옥로가 개발된 것도, 찻잎을 로스팅하는 호지차가 개발된 것도 교토다. 이렇게 800년을 이어온 교토의 차 문화는 지금도 현재진행형이다. 교토의 차 전문점들은 전통을 유지하면서도 시대의 흐름에 맞춰 변화에 적응하고 있다. 전통 다실의 형태는 지금의 트렌드에 맞춰 모던하게 변화하고 있고 차에 곁들이는 디저트도 교토와 서양 스타일을 접목한 것으로 다양해지고 있다. 교토에 맛있는 카페도 많지만 꼭 한번은 일본차를 마셔보기를 바란다. 차를 마시는 것은 교토를 마시는 것과도 같다.

一保堂
茶 一保堂
茶 一保堂
茶 一保堂
茶 一保堂

御銘茶
特

왕실에 납품했던 차

잇포도차호

一保堂茶舗 京都本店

1717년 창업해 300년 된 노포 중의 노포. 말차, 옥로, 전차, 번차, 호지차, 현미차 등 다양한 일본차를 취급하는 전문점이다. 우지강과 기즈강 유역에서 재배된 품질 좋은 찻잎을 구입하고 블렌드하는 기술에 있어서 타의 추종을 불허하는 차의 명가다. 왕실에 차를 납품할 만큼 차의 품질을 인정받았고 지금의 '잇포도'라는 이름도 궁에서 하사받은 것이다. '잇포도一保堂'라는 이름은 '다루고 있는 차가 맛있으니 앞으로는 차 하나를 유지하라'는 뜻이다. 그전까지 차와 도자기를 모두 다루고 있었지만, 이 이름을 하사받고부터는 차에 집중하게 되었다고 한다. 지금의 본점에 자리한 지도 160년이나 되었으니 잇포도 차의 오랜 역사를 짐작할 수 있다.

잇포도는 차를 사려는 사람들로 언제나 붐빈다. 고가의 품질 좋은 차부터 매일 마실 수 있는 대중적인 차까지 선택지가 많고 잇포도의 이름과 일러스트가 들어간 예쁜 틴케이스는 선물용으로도 훌륭하다.

매장 안쪽에는 차를 마실 수 있는 공간이 있다. 잇포도의 다양한 차를 주문해 직접 마셔보고 구입하는 방법도 좋을 것이다. 이곳에서 차를 마시는 게 즐거운 이유 중 하나는 직원이 차 내리는 모습을 볼 수 있다는 것이다. 차를 주문하면 어울리는 화과자도 함께 나오니 천천히 즐겨보자.

지하철 교토시야쿠쇼마에역에서 도보 9분
10:00~17:00
둘째 수요일, 1/1~3 휴무
京都市中京区寺町通二条上ル常盤木町52
075-211-4018

일본차를 비교하며 맛보는 재미

기온 키타가와 한베

祇園 北川半兵衛

1861년 창업한 우지의 차 도매점이 운영하는 일본차 살롱. 간판도 내걸지 않은 카페 건물은 지은 지 100년 된 기온의 전통 가옥이다. 안으로 들어가면 외관과는 180도 다른 모던하고 고급스러운 분위기. 이곳이 재미있는 이유는 여러 가지 일본차를 비교하며 맛볼 수 있기 때문이다.

두 가지 말차를 맛볼 수 있는 구미차組み茶(2,000엔)는 고급 말차인 기다지루시 특호와 대중적인 말차인 기다지루시 1호를 함께 맛볼 수 있다. 차를 맛보고 나면 스태프가 와서 어느 말차가 고급 말차인지 맞춰보라며 설명도 곁들여 준다. 5가지 차와 한입 크기의 디저트를 같이 맛볼 수 있는 차요미茶詠み(2,900엔)는 말차, 전차, 호지차, 대만차, 일본 홍차를 조금씩 맛볼 수 있어 재미있다. 함께 나오는 5가지 디저트는 각각의 차와의 페어링을 고려해 구성한 것이라 세심함이 엿보인다. 이렇게 여러 차를 비교하는 메뉴를 준비한 이유는 같은 나무에서 자란 찻잎이라도 재배 방법이나 가공 방법에 따라 달라지는 차의 맛과 즐거움을 경험토록 하기 위함이다. 저녁 6시 이후에는 스타일리시한 바로 변신해 차와 디저트 외에 칵테일도 맛볼 수 있다. 차와 함께 교토의 밤을 만끽할 수 있는 곳이다.

게이한 기온시조역에서 도보 7분
11:00~22:00
부정기 휴무
京都市東山区祇園町南側570-188
075-205-0880
gion-kitagawahanbee.kyoto

지하철 마루타마치역에서 도보 2분
11:00~18:00
화, 목요일 휴무
京都市中京区亀屋町146
075-606-5062
www.yugen-kyoto.com

전통과 모던이 만난 세련된 티 스탠드

유겐

YUGEN

일본의 전통을 가까이에서 즐길 수 있는 곳으로 만들고 싶다는 일념으로 동네 골목길에 차린 바 스타일의 일본차 전문점이다. 유겐은 교토 우지차를 중심으로 각지의 생산지에 직접 방문해 엄선한 품질 높은 일본차만을 취급하는 브랜드다. 좋은 차를 캐주얼한 분위기에서 즐길 수 있어 차를 잘 모르는 사람이라도 편하게 방문할 수 있는 곳이다.

안으로 들어가면 이곳이 일본 찻집이 맞나 싶게 벽과 높은 천장이 회색과 연한 풀색으로 마감된 세련된 분위기로 테이블 없이 바 스탠드로 되어있다. 모던한 인테리어 속에 의자와 바, 선반, 그 위에 놓인 다기들, 찻물을 끓이는 무쇠솥까지 전통 다실의 분위기를 잘 녹여냈다. 다기 하나하나가 무척 아름다워서 구경만으로도 눈이 즐겁다. 스태프가 손님들의 차 선택을 돕고 손님 앞에서 찻잎 넣는 것부터 찻물을 붓고 차를 내리는 모습까지 보여주기 때문에 차의 모든 과정을 오롯이 즐길 수 있다.

메뉴는 모두 차와 디저트 세트로 준비되어 있는데, 디저트에 따라 메뉴를 고른 후 차는 별도의 리스트에서 선택하면 된다. 디저트는 일본차에 어울리는 화과자와 떡, 경단 같은 일본식 디저트인데 제철 재료와 과일 등을 사용해 시즌별로 맛의 변화를 준다. 차는 전차, 갓 볶은 호지차, 홍차, 말차가 여러 종류 준비되어 있고 시즌별로 어울리는 차로 바뀐다. 특히 전차는 차의 개성있는 맛을 즐길 수 있도록 단일 농원, 단일 품종의 싱글 오리진 찻잎을 중심으로 내고 있다. 한쪽 벽에는 유겐의 다양한 차와 다도 도구들이 전시되어 있어 구입도 할 수 있다.

커피 향으로 시작하는 하루

매일 가고 싶은 카페

교토는 전통적으로 차의 도시이지만, 커피의 도시이기도 하다. 커피 소비량에서 일본 전국 1위를 놓치지 않는 도시가 바로 교토다. 화려한 음식 문화에 익숙한 교토 사람들은 커피 맛에도 무척 까다롭다. 교토에 커피 맛집이 많은 것은 어쩌면 당연한 일.

사실 교토인들의 커피 사랑은 역사가 꽤 깊다. 1897년 교토에 처음 카페가 생겼고, 1920년대에는 카페 전성기라고 불릴 만큼 커피가 유행이었다고 한다. 교토의 커피 문화는 그 후로도 이어지며 도시에 스며들었다. 지금도 교토에는 이노다 커피, 로쿠요사六曜社珈琲店, 신신도進々堂, 프랑수아フランソア喫茶室처럼 70년 이상 사랑받으며 동네를 지키고 있는 커피집들이 많다.

예전 교토의 카페들은 모두 깊은 향과 풍미의 다크 로스팅을 고집했다. 그러나 해외의 커피 트렌드가 유입되며 교토에서도 미디움 로스팅, 라이트 로스팅까지 다양하게 접할 수 있게 되었다. 교토만의 독특한 콘셉트를 가진 스타벅스나 블루보틀 커피 같은 체인점들도 늘어나고 있지만, 커피 추출 방법과 원두 선정에 더욱 까다로워지며 로스팅 카페들도 늘어나고 자신만의 커피 맛을 내기 위해 노력하는 개성 넘치는 동네 카페들이 무척 많아졌다. 동네 사람들과 소통하며 커피 맛에 집중하는 교토 카페들은 소박하면서도 특유의 감성이 느껴지는 공간이다. 마음에 드는 커피를 찾아다니는 것만으로도 교토 산책이 즐거워진다.

이런 곳에 카페가 숨어 있다니

니조코야

二条小屋

니조성 근처 조용한 주택가 주차장 안쪽에 서있는 작고 낡은 건물 한 채. 지은 지 70년이 넘은 이곳은 언뜻 보면 버려진 건물 같지만 차양 위 간판에 영어로 커피란 글자가 아슬아슬하게 붙어 있다(게다가 몇 개의 획은 떨어지고 없다). 이름의 '코야小屋'가 오두막이라는 뜻인데, 와보면 절로 고개를 끄덕이게 된다.

작고 낡았지만 왠지 모르게 아늑하다

오너 바리스타가 혼자 운영하는 니조코야. 카페 안으로 들어가면 개성 넘치는 아늑한 공간이 펼쳐진다. 이곳은 인테리어 설계사무소에 근무했던 오너가 모두 직접 꾸민 것이라고. 기존의 낡은 공간을 최대한 살려두고 곳곳에 자신만의 취향을 담은 센스 있는 물건들을 두었다. 3평 남짓의 공간은 좁은데 묘하게 넓게 느껴지고 너덜너덜 낡아있는데 의외로 세련되었다. 가게 안쪽 큰 스피커에서 흘러나오는 1950~60년대 재즈의 선곡도 훌륭하다. 안쪽에 앉을 수 있는 자리도 있지만 보통은 서서 커피를 마시며 음악을 듣거나 책을 읽는 사람들이 많다. 이런 카페의 분위기는 말수가 적고 차분한 오너 바리스타의 성향이 발현된 듯하다.

지하철 니조조마에역에서 도보 1분
11:00~20:00
화요일, 부정기 휴무
京都市中京区最上町382-3
090-6063-6219

TIP. 부정기적인 휴무일이 잦은 편이니 인스타그램 nijokoya을 체크할 것

COFFEE
COFFEE
二条小屋

확고하지만 유연한 커피 철학

커피는 드립 커피를 전문으로 하고 있다. 원두 원산지에 따라 고를 수 있고 블렌드와 아이스 커피도 준비되어 있다. 놀라운 건 와인과 맥주, 위스키 메뉴도 있다는 사실. 커피에 곁들일 케이크와 핫 샌드위치도 있으니 나름 알찬 메뉴를 자랑한다.

원두는 숯불 로스팅의 원조로 유명한 고베 하기와라 커피萩原珈琲의 원두를 사용하고 있다. 숯불 로스팅은 원적외선이 생두 안으로 침투해 겉과 속이 동시에 균일하게 볶아지기 때문에 맛이 깊으면서 부드럽고 향긋한 산미가 뛰어나다. 게다가 이곳에서는 보통 1잔에 사용하는 원두 양의 2배로 커피를 추출해 깊은 맛을 낸다. 원두는 블렌드와 싱글 오리진 7~8종을 갖추고 있다. 다크 로스팅 특유의 진하고 깊은 맛이 돋보이는 코야 블렌드(450엔)는 하기와라 커피의 원두를 오너가 직접 배합하는 오리지널 블렌드. 기본적인 레시피는 같지만 계절마다 마셔보고 느낀 인상에 따라 조금씩 변화를 주고 있고, 여기에 추출 조건을 달리하면 블렌드의 가능성은 무한하기 때문에 올 때마다 조금씩 달라지는 것이 묘미라고. 오너의 아내가 직접 만드는 당근 케이크(300엔)는 커피와 무척 잘 어울리는 조합이다.

반드시 손님이 보는 앞에서 추출한다는 원칙

커피는 반드시 주문한 손님 바로 눈앞에서 정성껏 드립을 해주는 것이 인상적이다. 테이크아웃 손님에게도 변하지 않는 이곳만의 룰이다. 짧지도 길지도 않은 이 시간이 무척 즐겁다. 손님 한 사람 한 사람을 위해 정성껏 추출하는 시간은 손님에게도 바리스타에게도 잠깐의 휴식 같은 시간이다.
이 작은 공간의 매력은 바리스타가 오픈키친에서 하나하나 준비하고 손님과 카운터를 사이에 두고 바로 앞에서 추출해주는 모든 과정을 함께할 수 있다는 것. 한잔에 들이는 정성과 과정을 보고 나면 커피의 맛이 더욱 각별하게 느껴진다. 커피 스탠드 특성상 오래 머무는 것은 삼가해달라고 작은 메모가 붙여있다. 서서 마시는 곳이니 오래 머물 일도 없지만 만드는 과정을 눈으로 즐기고 커피를 맛보며 잠깐의 휴식을 즐기는 것으로 이곳을 방문하는 목적은 충분히 달성하는 셈이다.

원두의 개성을 즐기는 커피

클램프 커피 사라사

Clamp Coffee Sarasa

니조성 근처 주택가 안에 자리한 카페 겸 로스팅 공방. 푸른 식물로 둘러싸인 가게는 마치 잡화점이나 꽃집 같은 분위기다. 목재를 작업대에 고정해주는 공구, 클램프. 카페 이름을 이렇게 붙인 이유는 사람과 사람을 연결하는 공간으로 만들고 싶다는 바람에서였다.
공구를 모티프로 해서인지 카페 안은 마치 공장 같은 느낌의 인더스트리얼한 공간이지만 곳곳에 목조 인테리어를 더해 캐주얼하면서 편안한 분위기다. 가게는 14석의 아담한 공간. 어디 앉아도 좋지만 특히 창가 자리를 추천한다. 창문으로 쏟아지는 햇빛에 기분이 좋아지고 담쟁이덩굴의 아름다운 녹색으로 힐링되는 기분이다.
카페 안에 들어서면 고소한 원두 향이 그득한데 이는 카페 한쪽에서 직접 로스팅을 하기 때문. 엄선해 구입한 원두를 생두 상태에서 일일히 손으로 선별작업을 하고 각각의 산지와 특성에 맞게 로스팅을 한 후 다시 한 번 선별해 최상의 원두만 골라낸다. 시간이 맞으면 로스팅이나 원두 선별 작업하는 모습을 볼 수도 있다. 원두는 싱글 오리진과 블렌드로 보통 6~8가지가 준비되고, 마음에 드는 원두는 구입할 수도 있다. 가벼운 산미와 부드러운 맛의 드립 커피(500엔~)와 함께 이곳의 인기 메뉴인 토스트(320엔~)를 곁들여도 좋다.

니조성에서 도보 5분
10:00~18:00
수요일 휴무
京都市中京区西ノ京職司町67-38 1F
075-822-9397
www.cafe-sarasa.com

다양한 로스터의 매력을 담은 곳

트래블링 커피

Traveling Coffee

초등학교 건물을 개조한 개성 있는 호텔, 게이트 호텔 교토 타카세가와 바이 휴릭에는 지금도 학교의 흔적이 많이 남아있다. 옛 운동장에 인조 잔디를 깔아 누구나 이용할 수 있는 광장으로 만들었는데, 여기에 교토 사람들이 사랑하는 커피 스탠드 트래블링 커피가 있다.

카페의 오너 바리스타는 90년대 프랑스에서 거주하다 교토로 돌아와 카페를 열었다. 카페 이름이 '트래블링'인 것에는 이런 그의 삶이 바탕이 되지 않았을까. 그는 교토의 카페들을 순례하며 좋은 커피를 찾아내는 일에 진심이다. 그렇게 발견한 교토의 여러 로스터에서 엄선한 원두를 핸드드립으로 추출한다. 방문할 때마다 다른 로스터의 원두 맛을 즐길 수 있다는 것이 재미있는 점이다. 작은 커피 스탠드는 올드킬림 러그, 초등학교에 있던 옛 스툴, 앤티크 샹들리에 등으로 개성 있게 꾸며져 있다. 커피를 테이크아웃 해서 광장 계단에 걸터앉아 마시면 마치 나도 교토 사람이 된 것 같다.

한큐 교토카와라마치역에서 도보 3분
11:00~17:00 | 부정기 휴무
京都市中京区蛸薬師通河原町東入備前島町310-2

TIP. 테이크아웃만 가능

여행자도 동네 사람도 편하게 찾는 곳

위켄더스 커피 토미노코지

WEEKENDERS COFFEE TOMINOKOJI

한적한 주택가의 주차장 안쪽에 커피 스탠드가 있다는 것도 의외인데 끊임없이 손님들이 찾아온다. 오래된 전통 가옥의 일부를 리노베이션한 3평 남짓의 아담한 커피 스탠드라 매장에 카페 공간이 없다. 사람들은 가게 앞 아주 작은 정원 주변에 자유롭게 걸터앉아 커피를 마신다.

위켄더스 커피는 자체 로스팅 공방을 운영하는 곳이다. 산지에서 직접 매입한 생두를 엄선해 로스팅하는데 원두의 개성을 살리고 추출 방법에 대해서도 끊임없이 연구하고 있다. 단맛과 신맛이 확실히 느껴지는 개성있는 커피(450엔~)로, 핸드드립, 콜드브루, 에스프레소를 모두 즐길 수 있는 것도 좋다. 이곳은 주택가 카페로는 드물게 아침 7시 반에 문을 연다. 여행자들이 아침에 제일 먼저 들려 커피 한잔 할 수 있는 곳, 아침 러닝을 하는 사람들이 가볍게 들를 수 있는 친근한 커피 맛집이다.

한큐 교토카와라마치역에서 도보 5분
07:30~18:00
수요일 휴무(공휴일이면 영업)
京都市中京区富小路通六角下ル西側骨屋之町560離れ
075-746-2206
www.weekenderscoffee.com

稼ぎ頭
KASEGI GASHIRA

교토를 담은 한 잔
어른의 시간 니혼슈

니혼슈라고 하면 생소한 사람이 있을지도 모르겠다. 우리가 흔히 사케라고 부르는 일본 청주의 정확한 명칭이 바로 '니혼슈日本酒'다. 사케는 사실 술 전체를 일컫는 말인데 해외에는 사케가 니혼슈로 통하는 것이 일반적이다 보니 요즘은 일본의 이자카야에서도 외국어 메뉴에는 흔히 사케라고 표기된다.

일본 전국에 맛있는 술이 정말 많지만, 교토의 사케는 일본에서도 최상품에 속한다. 교토의 사케 대부분은 물 좋은 후시미의 양조장에서 만들어진 것들인데 일본 전국에서 소비량 2위에 랭크될 만큼 인기가 많다. '여자 사케'라고 불릴 만큼 부드럽고 섬세한 맛의 사케로 교토 음식에 무척 잘 어울린다. 하지만 후시미 외에도 교토라쿠추, 교탄고, 교토탄바 등 곳곳에 좋은 양조장들이 많다. 시트러스 향과 깔끔한 산미, 쌀의 감칠맛이 느껴지는 사와야마쓰모토澤屋まつもと, 진한 맛이 매력적인 다마가와玉川, 상쾌한 향과 산미, 단맛의 균형이 좋은 가구라神蔵, 부드럽고 깨끗한 맛의 소우쿠우蒼空, 향긋한 과일향과 깊고 고급스러운 맛의 에이쿤英勲, 묵직한 바디감과 기분 좋은 산미의 야사카쓰루弥栄鶴 등 교토에서 추천하고 싶은 사케는 무궁무진하다. 사실 사케를 고르는 가장 좋은 방법은 이자카야나 사케 판매점의 주인장에게 추천 받는 것이다. 교토의 이자카야에서 여러 종류의 사케를 마셔보며 내 입에 맞는 사케를 발견하는 일은 애주가들에게 놓칠 수 없는 즐거움이다.

젊은 여성 오너의 세심한 술과 음식들

교마치야 오반자이 코하쿠

京町家おばんざい こはく

교토의 가정식 반찬을 가리키는 말, 오반자이おばんざい. 교토에는 오반자이를 안주로 내는 이자카야들이 많다. 코하쿠는 교토와 오너의 고향인 도요오카의 제철채소를 사용해 다양한 반찬과 안주들을 만드는 곳이다.

지은 지 100년 된 전통가옥 마치야를 리노베이션한 아담한 가게는 격자창과 들보를 그대로 남겨 옛 민가의 운치를 살리면서도 새단장한 내부는 따뜻한 분위기가 감돈다. 다다미방의 좌식 테이블석과 모던한 인테리어의 입식 테이블을 갖춘 개인실, 스태프들이 음식 준비하는 모습을 볼 수 있는 카운터석까지 다양한 좌석을 갖추고 있어서 혼자 가도 좋고 여럿이 함께 가도 즐거운 이자카야다. 젊은 여성 오너와 스태프들의 활기찬 응대에 술과 음식이 더욱 맛있게 느껴진다.

코하쿠의 음식은 하나 같이 정갈하고 건강한 맛으로 식사로도 안주로도 훌륭하다. 튀김이나 생선회, 오리구이 같은 안주들도 좋지만 스타터로 다양한 오반자이를 맛볼 수 있는 오반자이 모듬(3종 980엔, 5종 1,450엔)을 추천한다. 제철 채소로 만든 반찬들이기 때문에 구성은 그때그때 바뀐다. 맥주, 하이볼 등 주종이 다양하지만, 사케 소믈리에인 오너가 엄선한 교토산 사케(594엔~)는 15종 이상 준비되어 있어 선택의 폭이 넓고 오반자이와의 페어링도 훌륭하다.

한큐 교토카와라마치역에서 도보 4분
17:00~24:00 | 부정기 휴무
京都市中京区南車屋町282-2
075-252-6555
kyomachiya-kohaku.com

TIP. 예약 필수. 1명도 예약할 수 있다.

낮술도 즐거운 캐주얼 사케 바

마스야 사케텐

益や酒店

교토에 사케를 다양하게 마실 수 있는 곳은 많지만 가격대가 높거나 들어가기 부담스러운 분위기의 가게들이 많은 것이 아쉬웠던 오너는 젊은 세대가 사케를 편하게 마실 수 있는 밝은 분위기의 바를 오픈했다. 8년 넘게 다양한 세대에 사랑받는 바로 자리 잡은 마스야 사케텐은 사케의 라인업이 무려 40종 이상이다. 잔술(100cc)의 가격이 500~715엔이니 부담없이 여러 종류의 사케를 비교하며 마셔볼 수 있고, 안주는 한 사람이 먹기에 적당한 양에 가격도 385~770엔으로 저렴하니 다양하게 맛볼 수 있는 것도 즐겁다. 블루치즈를 얹은 유바 피자, 오리 등심구이 카르파초, 유바와 잔멸치 산초조림, 고구마와 연어의 크림빠떼 같이 교토의 식재료를 색다르게 해석한 퓨전 요리들은 맛도 좋고 사케와도 잘 어울린다.

한큐 교토카와라마치역에서 도보 2분
월 17:00~24:00, 화~금 15:00~24:00, 토일 12:00~24:00 | 부정기 휴무
京都市中京区大日町426 1F
075-256-0221
masuya.kyoto/saketen/

카운터석과 테이블석, 서서 마시는 스탠딩석까지 갖춰서 한두 잔 가볍게 마시기도 좋고, 음식과 술을 천천히 음미하기에도 좋은 곳이다. 술집임에도 낮부터 영업하는 데다 캐주얼하고 밝은 분위기여서 낮술 하기에도 전혀 어색함이 없다. 카운터에는 영어가 유창한 직원도 있어서 외국인 여행자와도 즐겁게 대화를 나누는 분위기. 직원들 모두 사케에 대한 정보가 많으니 취향에 맞는 사케를 추천받는 것도 좋겠다. 손님들은 퇴근하고 한잔 하러 들른 직장인부터 젊은 커플, 혼자 조용히 마시러 오는 사람들까지 무척 다양하다. 사케와 친해지기에 여기처럼 좋은 곳도 없을 것 같다.

예쁜 교토 도자기에 따라주는 사케

산사로

利き酒処 336

교토에서 가장 인기 있는 명소 기요미즈데라 근처에 자리한 맥주와 사케 바이다. 오래된 전통가옥 마치야를 리노베이션해 매우 세련되고 캐주얼한 분위기. 이곳은 특이한 점들이 많은데, 그중 하나는 서서 마시는 바라는 점. 우리나라에서는 낯선 문화이지만, 일본에서는 흔히 볼 수 있는 게 타치노미, 서서 마시는 술집이다. 또 하나는 사케나 안주를 주문하면 교토의 도예 작가들이 만든 술잔과 그릇에 담아 준다는 점이다. 예쁜 잔에 담긴 술은 더 맛있게 느껴진다. 한쪽 벽에는 술잔들이 가득 전시되어 있고 구입도 할 수 있다.

술은 교토에서 생산하는 맥주와 사케를 마실 수 있는데, 교토 후시미의 유명 양조장 긴시 마사무네의 사케를 저렴하게 마실 수 있어 사케 마니아들에게 인기가 높다. 3가지 종류의 술을 비교하며 마실 수 있는 시음 세트利き酒セット(사케, 맥주 각 1,000엔)를 추천한다.

기요미즈데라에서 도보 6분
11:00~19:00
부정기 휴무
京都市東山区白糸町東山区白糸町572-3
075-741-6996

로컬 식당의 정감이 느껴진다

니코미 스즈야

にこみ鈴や

낡은 전통가옥 마치야를 개조한 곳으로 폭은 좁지만 안으로 깊숙이 들어가 있는 아늑한 공간. 오픈키친을 둘러싸고 ㄷ자로 카운터석이 자리한 로컬 식당의 정감 있는 분위기다. 가게는 아담하지만 카운터석 자리 위로는 2층까지 천장이 뚫려 있어 개방감이 좋고 운치가 느껴진다.

마주보고 앉는 것도 좋지만 이렇게 나란히 앉아서 두런두런 얘기를 나누는 것도 재미있다. 때로는 주인과 대화를 나눌 수도 있고 옆 손님과 인사를 나누게 될지도 모른다. 오래 끓여 맛이 듬뿍 밴 오뎅(150엔~)과 고소한 된장 양념에 조린 소곱창조림もつ煮(700엔)은 다들 무조건 주문하는 인기 안주. 맥주든 사케든 어느 주종에도 잘 어울린다. 카레라이스와 볶음밥도 의외로 인기 많은 메뉴이니 식사 겸 들러도 좋다. 퇴근길 한잔 하러 가고 싶은 그런 이자카야다.

지하철 가라스마오이케역에서 도보 5분
16:00~23:00
월요일 휴무
京都市中京区姉小路通新町東入南側二軒目
075-708-3178

교토의 좋은 물건

쇼에이도

코사이도

규쿄도

이치하라헤이베이쇼텐

소우소우 호테이

투데이즈 스페셜

+ 교토 오리지널 조미료

시대를 초월하는 취향

교토다운 삶을 제안하는 물건들

교토를 여행하는 즐거움 중 하나는 좋은 물건을 만나는 것이다. 일본의 도읍이었던 교토는 천 년 이상 화려한 문화를 꽃피웠고 좋은 물건들은 모두 교토로 모여들었다. 그 속에서 왕족과 귀족 같은 상류층의 높아진 취향에 부응하는 좋은 물건을 만드는 장인들이 존재했다. 교토의 물건은 모든 분야에서 최고급이었고 이를 만드는 장인 정신과 고도의 기술은 교토의 문화를 지탱하는 거대한 힘이었다. 현재도 교토의 전통을 계승하며 좋은 물건을 만들고 있는 장인과 노포들이 많다.

교토 특유의 예술적 감각과 좋은 물건에의 고집으로 탄생한 교토의 새로운 브랜드들도 교토의 오랜 역사를 현재로 연결하고 젊은 세대에 전하는 중요한 역할을 하고 있다.

교토의 물건 하면 전통 공예품의 이미지가 강하고 왠지 실용성과는 거리가 멀지 않을까, 너무 올드하지 않을까, 너무 고가이지 않을까 생각할지도 모른다. 하지만 교토 사람들이 지금도 일상 속에서 즐겨 사용하는 좋은 물건들이 많다.

교토에 가면 최대한 까다로운 취향과 섬세한 감각을 발휘해 보자. 분명 맘에 드는 물건을 발견할 수 있을 것이다.

나에게 어울리는 향을 찾아서

쇼에이도

香老舗 松栄堂 京都本店

창업한 지 300년 된 전통 천연향료 전문점. 12대째 가업을 이어오며 교토 최고의 향 만들기에 매진해온 쇼에이도는 전통을 잇는 장인 정신을 바탕으로 교토 사람들에게 오랫동안 사랑 받는 곳이다. 본점 내부는 일본의 옛 전통가옥의 모습 그대로 꾸며 놓아 노포의 위엄이 느껴진다.
매장을 둘러보면 예부터 만들어온 종교용 훈향을 비롯해 다도용 향, 간편하게 집에서 사용할 수 있는 인센스나 향 주머니 등 향의 세계가 이렇게 다양한 것인가 놀라게 된다. 향은 코로 직접 맡아보고 고를 수도 있지만 주제에 따라 고르는 것도 재미있다. 계절과 자연, 꽃, 나무, 교토의 사찰, 화과자 등 예상치 못한 다양한 주제에 따라 조향한 인센스(440엔~)는 직접 시향해보며 내가 예상한 향과 비슷한지 비교해보는 것도 즐겁다. 전반적으로 전통적인 향이 많은 편이며 향이나 인센스 도구 등도 전통적이고 고급스러운 디자인이 많아 선물용으로 인기가 많다. 최근에는 모던한 인테리어에도 어울리는 걸이형 방향제(1,045엔)를 만드는 등 젊은 세대의 니즈에 맞는 디자인과 제품에 대해 끊임없이 고민하고 있다.

지하철 마루타마치역에서 도보 2분
09:00~18:00
연초 휴무
京都市中京区烏丸通二条上ル東側
075-212-5590
www.shoyeido.co.jp

薫香
薫香
SHOYEIDO INCENSE CO.

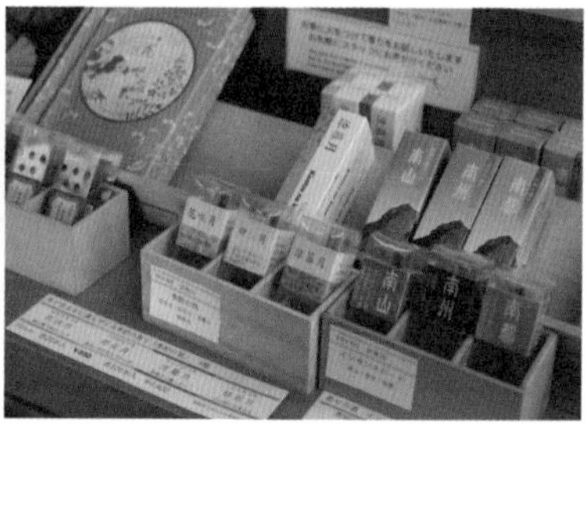

향으로 치유받는 공간

코사이도

香彩堂 本店

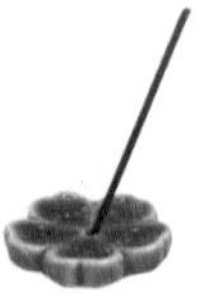

1994년 창업했으니 천연향료 회사로는 신생기업인 셈이다. 본점 매장은 작지만 상품은 굉장히 다양하다. 종교용 훈향과 전통적인 향 제품도 있지만 젊은 세대의 취향에 맞는 대중적인 향 제품이 많은 곳이라 인센스(550엔~)를 좋아하는 사람이라면 폭풍 쇼핑을 하게 될 수도 있다. 관심 가는 향이 있으면 스태프가 직접 향을 피워 시향을 해주니 선택하기가 훨씬 수월하다. 인센스 스틱, 향주머니 외에 룸 스프레이와 화장품도 판매하고 있다. 교토의 자연을 모티프로 한 귀여운 디자인의 인센스 트레이도 있으니 함께 구입하기 좋다.

지하철 시조역에서 도보 1분
09:30~18:30
연말연시 휴무
京都市下京区烏丸通仏光寺東入ル上柳町335
075-344-6905
www.kousaido.co.jp

종이의 온기를 느낄 수 있는 곳

규쿄도 鳩居堂 本店

지하철 교토시야쿠쇼마에역에서 도보 1분
10:00~18:00 | 1/1~3 휴무
京都市中京区寺町姉小路上ル下本能寺前町520
075-231-0510
kyukyodo.co.jp

테라마치 상점가에 자리한 360년 역사의 전통 문구점. 아날로그 감성의 문구 덕후라면 교토에서 반드시 들려야 할 곳 중 하나다. 서예 용품과 편지지, 봉투, 엽서, 노트, 메모지 등 일본 종이제품과 문방구를 중심으로 인센스, 전통종이 공예품 등을 2,000점 이상 취급하고 있는 대형 매장이다. 규쿄도의 비둘기 로고가 들어간 오리지널 제품부터 디즈니 등 다른 브랜드와 콜라보레이션한 제품까지 전통을 유지하면서도 항상 새로운 것에 도전하고 있다. 여러 편지지 중에 맘에 드는 것을 한 장씩 골라 살 수 있는 레터 뷔페(편지지 10장 330엔, 봉투 3장 165엔)도 인기 있다.

어른의 젓가락 쇼핑

이치하라헤이베이쇼텐 御箸司 市原平兵衛商店

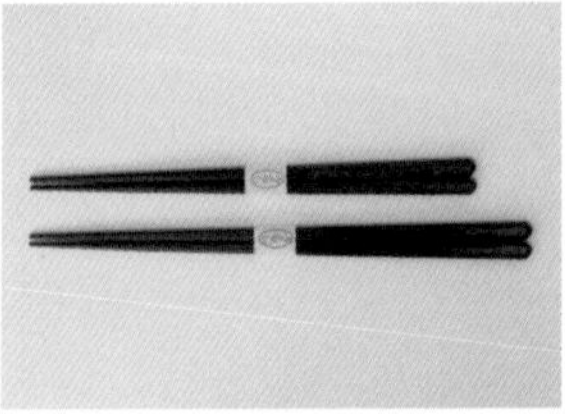

한큐 가라스마역에서 도보 2분
월~토 10:00~18:30, 일, 공휴일 11:00~18:00
1/1~3, 부정기 휴무
京都市下京区小石町118-1
075-341-3831
ichiharaheibei.com

골목 안에 있어 현지인들만 다닐 것 같은 이 작은 가게는 무려 260년의 역사를 자랑하는 전통 젓가락 전문점이다. 장인의 기술과 품질을 인정받아 왕실에 납품하기도 한 곳. 젓가락이 다 비슷한 것 아닌가 싶겠지만, 손 크기와 용도에 따라 길이와 형태가 달라야 한다. 취향에 따라 단면 모양을 사각, 육각, 팔각, 원형에서 고를 수도 있다. 이곳에 진열된 젓가락은 무려 400여 종. 모든 젓가락은 견본이 있어서 직접 잡아보고 감촉과 사용감을 확인할 수 있으니 천천히 시간을 들여 나에게 꼭 맞는 젓가락을 고를 수 있다. 한번 사용해보면 단골이 될 수밖에 없다.

가장 교토스럽게, 가장 트렌디하게

소우소우 호테이

SOU SOU 布袋

소우소우는 일본의 기모노를 현대적으로 재해석한 의류와 잡화를 디자인하는 브랜드. 모든 제품은 장인이 정성스럽게 만드는 메이드 인 재팬이다. 의류와 가방, 소품 등은 모두 기모노와 함께 코디해도 좋지만 일상 캐주얼 의류와도 어울리는 교토스러운 디자인을 선보이고 있다.

한국 여행자들에게 꾸준히 인기 있는 것은 데일리로 무난하게 사용하기 좋은 잡화류. 특히 가방과 파우치, 지갑, 보자기, 핸드폰 케이스 등의 소품류를 선보이는 소우소우 호테이가 인기 있다. 귀여운 숫자가 나열된 SO-SU-U 시리즈는 세련되면서도 포인트가 되서 오랫동안 사랑받는 스테디셀러다.

한큐 교토카와라마치역에서 도보 2분
11:00~20:00
수요일 휴무
京都市中京区新京極通四条上ル中之町569-10
075-212-9595

한자리에서 만나는 교토의 물건

투데이즈 스페셜

Today's Special

교토 최대의 번화가 가와라마치 거리에 있는 고급 쇼핑몰 발BAL 4층에 가면 라이프스타일 매장 투데이즈 스페셜을 만날 수 있다. 음식에 관한 제품을 중심으로 가드닝, 패션, 건강, 미용 등 생활 전반의 아이템들을 다루고 있어서 살림과 잡화를 좋아하는 사람이라면 구경만으로 시간 가는 줄 모른다. 특히 교토에서 생산되는 다양한 노포와 브랜드의 식품류와 양념, 소스류, 차와 커피, 간식류들을 한자리에서 만날 수 있어 여러 매장을 방문할 시간이 없는 사람에게는 이만한 곳이 없다. 뿐만 아니라 교토의 그릇과 술잔, 찻잔, 수저 등 식기류까지 다양하게 갖추고 있어서 선물을 구입하기에도 좋다.

한큐 교토카와라마치역에서 도보 4분, 교토BAL 4층
11:00~20:00 | 1/1 휴무
京都市中京区河原町通三条下ル山崎町251
075-229-6861
www.todaysspecial.jp

根元
信州善光寺大門町
七味ごま
八幡屋礒五郎
根元
信州善光寺大門町
七味ごま
八幡屋礒五郎

부엌으로 가져온 일본의 맛

교토 오리지널 조미료

고추를 중심으로 여러 양념이나 향신료를 조합하는 일본의 전통 천연 조미료, 시치미七味. 7가지 재료를 섞기 때문에 '7가지 맛'이라는 의미로 시치미 또는 시치미토가라시七味唐辛子라고 부른다. 일본 요리의 마무리로 맛의 포인트를 주는 필수 조미료라고 할 수 있다. 시치미에는 공통적으로 들어가는 재료들이 같지만 비율과 볶는 방식, 조합 방법이 가게마다 다르고 일부 다른 재료를 쓰는 등 각자의 비법을 가지고 있다. 일본에서도 특히 유명하고 전통 있는 시치미 노포들은 대부분 요리의 천국 교토에 자리하고 있다.

시치미가 전통 조미료이긴 하지만 일식에만 한정되는 것은 아니다. 가장 쉽게는 우동이나 라멘, 닭꼬치에 뿌려 먹는 방법부터 된장국, 오뎅, 돈까스 소스, 생선회용 간장에 뿌려 먹어도 좋고, 스테이크나 파스타, 튀김 등에 뿌려도 매콤함과 풍미를 더할 수 있다. 시치미를 활용하는 방법은 무궁무진하니 요리에 상상력을 발휘해 보기를.

하라료카쿠 原了郭

쿠로시치미 黒七味

¥825~

1685년 창업한 330여 년 역사의 노포 하라료카쿠. 가게의 역사도 오래되었지만 간판 상품인 쿠로시치미의 역사 또한 100년이 넘었다. 흰깨, 검은깨, 고추, 산초, 파래, 표고버섯, 대마씨의 7가지 재료로 만드는데 재료를 열에 볶아 곱게 가루로 빻으면 독특한 갈색을 띠고 풍부한 향, 찌릿찌릿한 매운 맛이 잘 살아나는 시치미가 완성된다. 시치미를 담는 나무통은 습기로부터 시치미를 보호하는 데다 일본스러운 모양새가 예뻐서 선물용으로도 인기가 높다. 특히 팔각형의 나무통은 교토에서만 한정 판매하고 있어 더욱 희소성이 있다.

게이한 기온시조역에서 도보 3분
10:00~18:00
부정기 휴무
京都市東山区祇園町北側267
075-561-2732
www.hararyoukaku.co.jp

시치미야혼포 七味家本舗

시치미토가라시 七味唐辛子

¥1,080~

1655년 창업해 360여 년의 역사를 자랑하는 노포 시치미야혼포는 기요미즈데라 근처에 자리하고 있다. 예부터 사찰에 기도하러 오는 손님들을 상대로 유명해지기 시작해 일본의 3대 시치미로 불리는 가게다. 고추, 흰깨, 검은깨, 산초, 파래, 차조기, 대마씨로 만들어지며, 다른 곳에 비해 산초의 맛이 좀 더 강하고 매운 맛이 덜한 것이 특징이다. 하지만 한국 사람들에게는 매운 맛을 더한 제품이 인기가 높다. 빨간 고추그림이 있는 것을 찾으면 된다. 양념통의 패키지에는 기요미즈데라의 멋진 그림이 그려져 있어 기념품으로도 손색이 없다.

기요미즈데라에서 도보 2분
09:00~18:00
부정기 휴무
京都市東山区清水二丁目221
075-551-0738
www.shichimiya.co.jp

진토라 ぢんとら

유자 시치미 ゆず七味

¥750

교토의 부엌이라 불리는 니시키 시장에서 1878년 창업해 까다로운 교토의 요리사들을 상대로 130년 이상 장사해오며 맛을 인정 받은 시치미 가게 진토라. 일본 방송 프로그램에서 전국 선물용 상품 9위로 선정될 만큼 인기가 높다. 고추, 참깨, 산초, 파래, 차조기, 진피, 대마씨로 만드는 시치미도 인기 있지만, 진피 대신 유자를 듬뿍 넣어 향을 살린 유자 시치미는 국물 요리의 맛을 특별하게 만드는 최고의 조력자다.

한큐 가라스마역에서 도보 3분
10:00~18:00
연초 휴무
京都市中京区中魚屋町494
075-221-0038
www.dintora.com

머물고 싶은 교토의 숙소

에이스 호텔 교토

게이트 호텔

호시노야 교토

오모3 교토 도지

호텔 안테룸 교토

교토와 브루클린, 그 사이 어딘가

에이스 호텔 교토

Ace Hotel Kyoto

세계적인 건축가 구마 겐고가 설계한 호텔 신관과 1926년에 일본의 근대 건축가인 데츠로 요시다가 설계한 교토중앙전화국 건물을 리노베이션한 신푸칸을 연결해 하나의 공간으로 만들어낸 에이스 호텔 교토는 최근 몇 년간 꾸준히 주목 받는 라이프스타일 호텔이다. 인테리어 디자인은 에이스 호텔 그룹이 오랫동안 함께 일해온 로스앤젤레스 기반의 스튜디오 코뮨 디자인Commune Design이 맡았다. 디자인의 콘셉트는 '예술과 공예를 통한 동서양의 교류'.

사람들이 모이는 크리에이티브한 장소

호텔 로비에 들어서면 천장의 독특한 장식물과 조명이 눈에 들어온다. 교토산 삼나무를 사용한 나무 틀이 교차하고, 그 사이에 직선의 조명이 어지러이 녹아들게 함으로써 전통적이면서도 모던하고 아늑한 공간을 연출했다. 만일 후쿠오카의 스타벅스 커피 다자이후텐만구점에 가본 사람이라면 이것이 건축가 구마 겐고의 시그니처라는 것을 한눈에 알아볼 수 있을 것이다.

지하철 가라스마오이케역에서 바로 연결
1박 3만 엔~
京都府京都市中京区車屋町245-2
075-229-9000
acehotel.com/kyoto/

24시간 열려 있는 로비의 소파와 테이블은 숙박객만이 아니라 지역의 다양한 사람들이 모여 일을 하거나 커피를 마시며 대화를 하는 커뮤니티 공간이다. 오직 호텔 고객만을 위한 폐쇄적이고 무거운 분위기를 지양하고 지역 사람들이 마음껏 드나들며 소통하고 일하는 공간으로 오픈하는 지역 밀착형 공간이야말로 에이스 호텔이 추구하는 가치다.

다양한 아티스트와의 콜라보레이션

에이스 호텔에서 놓치지 말아야 할 것이 바로 호텔 내부를 장식하는 다양한 예술 작품이다. 사람들이 모여들게 하고 창의적인 아이디어가 샘솟는 공간을 만들기 위해 지역 아티스트들과 협업해 지역의 독자적인 문화를 호텔 안에 구현하는 점이 흥미롭다. 교토점에는 교토만이 아니라 일본과 해외 아티스트 20팀 이상이 참여하고 있다.
우선 호텔 로고와 객실 번호 등에 쓰인 글꼴의 그래픽과 객실 침대 위에 걸린 태피스트리는 90세가 넘는 염색 공예가 유즈키 사미로가 4년에 걸쳐 제작한 것이다. 로비에서 객실로 올라가는 엘리베이터로 이어지는 복도 벽면에는 다양한 자수와 패치워크의 패브릭 아트가 가득 메우고 있는데, 어느 하나 똑같은 것이 없다. 이는 가고시마의 장애인복지시설 쇼부학원에서 에이스 호텔을 위해 특별히 제작한 것으로 다양성을 추구하는 에이스 호텔의 가치를 잘 보여주고 있다. 뿐만 아니라 로비 한편에는 독립적인 갤러리 공간이 마련되어 있어서 예술작품 전시를 무료로 볼 수 있으니 잠깐의 시간을 내어 예술적 감성을 채우기에도 만족스럽다.

교토 사람도 묵고 싶게 만드는 힘

객실은 옛 교토중앙전화국 일부였던 보존동과 새로 지은 신축동을 합해 총 213실이 있다. 객실 또한 동양과 서양의 만남이라는 콘셉트에 충실하다. 모던한 가구 곳곳에 일본 공예품을 배치해 교토다움을 살린 점이 돋보인다. 일본 전통종이를 사용한 조명, 교토의 상징물을 그래픽화한 태피스트리는 인테리어에 잘 녹아들면서도 존재감이 상당하다. 일부 객실은 창가에 벤치를 만들고 방석을 두어 마치 툇마루에 앉아 창밖을 바라보는 듯한 기분이 들게 한다. 특별히 다다미 스위트에는 거실 공간 일부를 다다미 바닥으로 꾸며 잠깐의 휴식 시간마저 교토의 분위기를 담아내려 노력했다. 모든 객실에는 턴테이블과 LP 몇 장이 구비되어 있다. 80년대 일본 시티팝과 미국 재즈 음반의 선곡도 훌륭하다.

숙박하지 않아도 가보고 싶은 레스토랑과 카페

호텔 조식은 아메리칸 브렉퍼스트, 에그 베네딕트, 캘리포니아 아보카도 토스트, 재패니스 브렉퍼스트 4가지 세트가 준비되어 있다. 그외에도 일본의 농가, 생산자로부터 직접 들여오는 식재료로 요리하고 그에 어울리는 내추럴 와인을 제공하는 레스토랑 코사KOSA, 로스앤젤레스의 인기 셰프가 프로듀스한 타코 & 칵테일 라운지 피오피코PIOPIKO, 신푸칸의 중정이 바라다보이는 루프톱 바를 갖춘 미스터 모리스 이탈리안Mr. Maurice's Italian, 일본 진출 1호점인 스텀프타운 커피 로스터스Stumptown Coffee Roasters까지 호텔 식당과 카페도 힙한 공간으로 인기를 누리고 있다.

429

주민들의 애정을 담아 폐교에서 호텔로

게이트 호텔 교토 타카세가와 바이 휴릭

THE GATE HOTEL 京都高瀬川 by HULIC

100년 역사를 지닌 릿세이 초등학교 건물을 리노베이션한 호텔. 교토의 근대 건축물을 아끼고 애정하는 교토인들의 자부심을 느낄 수 있는 곳 중 하나다. 교토 제일의 번화가 중 하나인 키야마치 거리에 위치한 데다 기온, 가와라마치 거리와도 가까워 다양한 식당과 상점들을 둘러보기에 최고의 입지. 교통의 중심인 한큐 교토카와라마치역에서 걸어서 불과 3분 거리라는 이점은 이 호텔의 가치를 더욱 높이는 점들이다.

오랜 세월 주민들의 사랑을 받는 이유

게이트 호텔에 대해 이야기하려면, 먼저 릿세이 초등학교立誠小学校 이야기부터 시작해야 한다. 릿세이 초등학교는 1869년 개교했는데 학교 건물은 아치형 현관, 발코니 등 복고풍 장식과 회반죽 벽, 나무 바닥의 정취 깊은 건물 내부 등이 아름다운 근대 건축물로서 오랜 세월 교토 키야마치 거리의 상징으로 사랑받아 왔다. 1993년 폐교 후에도 연극, 영화, 플리마켓 등 다양한 이벤트 장소로 활용되다가, 2020년 리노베이션을 통해 개성있는 호텔로 재탄생했다. 학교 건물의 모습을 최대한 살리면서 전통 문화와 지역 문화를 적극 도입해 지역과 함께하는 호텔을 콘셉트로 했다.

한큐 교토카와라마치역에서 도보 3분
1박 2만 3,676엔~
京都府京都市中京区蛸薬師通河原町東入備前島町310-2
075-256-8955
www.gate-hotel.jp/kyoto/

立誠高瀬

건물 곳곳을 탐색하는 즐거움

호텔은 옛 학교 건물을 보존하고 내진 공사 등을 거쳐 재생한 스쿨하우스동과 기존 건물과 조화롭게 어울리도록 신축한 메인동으로 구성된다. 1층에는 작은 릿세이 도서관을 비롯해 8개의 상업시설이 들어서 있다. 예전 운동장은 현재 초록색 인조잔디를 깔아 호텔 투숙객만이 아니라 누구든지 편하게 들러 쉴 수 있는 오픈 스페이스로 거듭났다. 교토 거리에서 보기 힘든 넓고 여유로운 광장이어서 날씨가 좋을 때는 주민들이 자유롭게 앉아있거나 누워있는 풍경을 흔히 볼 수 있다.

초등학교의 옛 간판이 그대로 걸려있는 입구로 들어서면 호텔의 얼굴이라 할 수 있는 로비가 나온다. 한쪽에는 오래된 그랜드피아노가 있는데, 실제 초등학교에서 오랜 세월 사용한 것을 그대로 가져다 놓았다고 한다. 그 옆에 자리한 릿세이 도서관은 규모는 매우 작지만 약 3,000권을 소장하고 있다.

모닥불 앞에 앉아 불멍하는 시간

해가 지면 3층에 있는 투숙객 전용의 라운지 앤 파티오에 반드시 들러봐야 한다. 야외 테라스에서 일몰 후 모닥불을 피워주기 때문. 모닥불을 중심으로 오손도손 모여 앉아 타닥타닥 소리 내며 타오르는 불꽃을 바라보는 시간은 꽤나 특별하다. 게다가 투숙객에게는 와인과 마쉬멜로우가 무료로 제공되니 모닥불에 구워 먹으며 캠핑 기분을 낼 수도 있다. 실내에도 편안한 소파와 테이블이 있으니 와인을 마시며 담소를 나눌 수 있고 못다 한 업무를 볼 수도 있다.

교토에서 가장 개성 넘치는 객실 Lab

객실은 신축 건물인 메인동과 초등학교 건물을 리노베이션한 스쿨하우스동을 합해 총 184실이다. 메인동은 모두 7가지 객실 타입이 있는데, 객실마다 인테리어 디자인과 침대 타입이 다르므로 취향에 따라 선택할 수 있다. 객실의 평균 면적은 32평방미터(9.7평)로 상당히 넓은 편. 영국 왕실에서 사용한 매트리스 슬럼버랜드, 독일의 샤워기 메이커 한스그로어, 캡슐 커피머신 네스프레소 외에도 오리지널 디자인의 블루투스 스피커, 삼중거즈 원단의 나이트웨어, 천연 유래 원료를 사용한 배스 어메니티 등 객실 곳곳 세심하게 신경 썼다는 것을 알 수 있다. 히가시야마의 산등성이와 교토 시내, 학교 교정이 함께 들어오는 이색적인 풍경을 감상할 수 있는 객실은 세련되면서도 개성이 넘친다.

그중에서도 스쿨하우스동의 딱 3개가 있는 Lab 객실들은 어느 호텔에서도 보기 힘든 독특한 객실이다. 예술가들이 꾸민 정원이 자리하고 있는 실험적인 객실이기 때문. 조각가 라쿠 마사오미樂雅臣가 교토의 석정을 현대예술로 재해석한 'Stone Box', 식재가 무라세 다카아키村瀨貴昭가 유리 구체 안에 작은 우주를 표현한 이끼정원 'Floating Point', 라쿠 마사오미와 무라케 다카아키가 콜라보한 'The Remains Teach Us'는 교토의 전통 문화와 현대 예술이 만나 이색적인 풍경을 만들어낸다.

교토의 맛을 집약해놓은 조식

최상층인 8층에는 기온 거리와 히가시야마의 산등성이를 파노라마 뷰로 볼 수 있는 레스토랑 앵커 교토Anchor Kyoto가 있다. 교토에서도 이런 풍경을 만날 수 있는 곳은 흔치 않다. 숙박객은 이곳에서 일본식과 서양식 아침식사를 할 수 있다. 특히 인기 있는 것은 교토의 식재료를 가득 담은 하루 30명 한정의 일식 메뉴. 무려 16가지 반찬을 작은 그릇에 조금씩 내주기 때문에 다양하게 맛볼 수 있다는 것이 매력적이다. 작은 그릇 아래에는 요리에 대한 설명이 적혀있다. 앵커 교토 외에도 교토의 시티뷰를 감상하며 커피나 술을 즐길 수 있는 로비 라운지 & 바도 무척 멋진 공간이다.

일본 전통 문화 체험도 가능

아침을 먹고 나서는 60평의 넓은 다다미방인 리트리트룸을 둘러보자. 이 방은 원래 이곳이 초등학교이던 시절 도예나 예절 교육을 하던 곳이었다. 토·일요일과 공휴일 아침 9시에는 초심자가 참여할 수 있는 아침 요가 교실(유료)을 열고 있으니 도전해봐도 좋다. 그외에도 매달 셋째 금요일에 열리는 명상 교실, 시즌마다 열리는 전통 예술 공연도 있으니 홈페이지에서 미리 체크해보면 좋다.
체크아웃을 하기 전 호텔 주변도 산책해보기를 추천한다. 호텔 앞에 흐르는 타카세가와 강은 운치 있는 교토의 골목 풍경을 더욱 돋보이게 하는 존재. 산책 후 커피를 사서 광장에 앉아 마시는 것도 즐겁다.

단절이 가져다 주는 진정한 휴식

호시노야 교토

星のや京都

어디서도 볼 수 없는 독창적인 테마로 비일상의 경험을 제공하는 일본의 리조트 브랜드 호시노야. 일본에 6곳, 발리 1곳, 대만 1곳, 총 8곳을 운영하는데 그중에서도 호시노야 교토는 가장 일본의 전통을 중시하면서도 풍부한 자연 속에 안겨있는 안식의 공간이다.

교토 귀족들이 사랑한 아라시야마

아름다운 강과 계곡으로 둘러싸여 풍경이 아름다운 덕분에 교토가 수도이던 시절 왕족과 귀족들의 별장지로 인기 있던 지역이 바로 아라시야마다. 도읍인 교토는 답답한 도시였기 때문에 자연이 풍부한 이곳은 지친 마음을 위로하는 힐링의 땅이었다. 당시 귀족들은 주변 풍경을 감상하며 뱃놀이를 즐겼는데, 이는 지금도 여전히 관광객들의 즐거운 액티비티 중 하나. 호시노야는 이런 아라시야마에서도 옛 교토 귀족의 별장 분위기를 가장 잘 재현해낸 곳이라 할 수 있다.

한큐 아라시야마역에서 도보 10분 후 배로 15분
1인 1박 3만 4,155엔~
京都市西京区嵐山元録山町11-2
050-3786-1144
hoshinoya.com/en

©호시노 리조트

©호시노 리조트

숙소 가는 길부터 특별하다

호시노야의 특별한 숙박 체험은 숙소 가는 길에서부터 시작된다. 아라시야마의 시작점인 도게츠교 다리에서 호시노야의 전용 배를 타고 15분. 강을 거슬러 올라가다 보면 어느새 주변 건물들의 모습은 하나도 보이지 않는다. 협곡으로 들어가는 뱃길은 그야말로 자연의 품속으로 파고드는 기분. 이렇게 아름다운 자연 경관을 유지할 수 있는 것은 아라시야마가 교토에서도 특히 엄격한 경관 보호 규제가 있는 지역이기 때문이다. 주민들이 애정으로 보호해온 자연 속에 봄에는 벚꽃, 여름에는 가마우지, 가을은 단풍, 겨울의 설경까지 사계절의 아름다운 모습은 헤이안 시대의 그것과 변함이 없다. 이런 풍경을 감상하며 뱃놀이를 즐기다 보면 어느새 산속에 오붓하게 자리한 호시노야에 도착한다.

모든 객실이 교토 최고의 리버뷰

호시노야 교토의 객실은 모두 25개이고 객실 타입은 5가지다. 모든 객실이 오이가와 강과 오구라야마 산의 아름다운 뷰를 즐길 수 있도록 설계되었고, 일본 전통식 방에 모던한 인테리어를 가미하고 은은한 조명을 배치했다. 특히 객실 곳곳에서 장인의 기술이 담긴 교토의 물건들을 볼 수 있는 것이 또 하나의 즐거움. 고급 전통 종이인 교토 당지를 침실 벽지로 사용하고 있는데, 수작업으로 한 장씩 문양을 새겨 어느 것 하나 똑같은 문양이 없고 인쇄로 표현할 수 없는 독특한 감촉이 느껴진다. 교토 당지를 만드는 곳은 현재 단 2곳뿐이어서, 교토의 전통을 계승해나가려는 호시노야의 노력을 엿볼 수 있다. 삼나무와 대나무로 제작한 이곳만의 오리지널 소파, 교토의 130년 노포가 제작한 조명 등 교토의 좋은 물건들로 채워진 멋진 공간이다.

하나의 예술 작품 같은 퓨전 가이세키 요리

저녁은 다이닝 레스토랑의 가이세키 요리 아라시쿄의 맛嵐峡の滋味이나 방에서 먹을 수 있는 쇼카도 도시락松花堂弁当 중에 선택할 수 있다. 호시노야 교토의 다이닝은 2013년 미슐랭 가이드에서 원 스타를 받았다. 계절감을 살린 일본 요리는 전통을 지키면서도 틀에 얽매이지 않는 자유로운 아이디어를 가미해 하나의 예술 작품 같다. 와인이나 사케를 페어링해 즐기기에도 좋은 요리들이다.

저녁 식사 후 방에서 잠시 휴식을 취하고 나면 조명이 밝혀진 숙소의 정원과 산책로를 걸어보기를 추천한다. 창고였던 건물을 개조한 살롱&바 쿠라Salon & Bar蔵에서는 낮에는 웰컴 스위츠, 밤에는 일본산 위스키, 아침에는 갓 내린 커피 등을 시간대에 따라 무료로 제공하고 있다. 자기 전 객실에 딸린 편백나무 욕조에서 목욕을 즐긴 후 밤의 정취를 느껴보자.

방에서 맛보는 전골 조식

아침에 기분 좋게 눈을 뜨면 내가 미리 지정한 시간에 방에서 편안하게 아침 식사를 즐길 수 있다. 이렇게 아름다운 조식당은 다시 보기 힘들 것 같다. 객실 거실에 차려진 아침상에 앉으면 넓은 거실 창문으로 푸르른 나무와 강이 바라다 보인다. 음식을 맛보고 경치까지 맛보는 특별한 시간. 게다가 아침상이 너무나 호화롭다. 총주방장의 특제 육수에 제철 채소를 듬뿍 넣은 전골 요리는 속을 따뜻하게 덥혀주고 생선구이와 샐러드, 두부 등 다양한 반찬에 흰쌀밥으로 든든하게 하루를 시작할 수 있다.

호시노야만의 전통 문화 체험

호시노야가 제공하는 특별한 문화 체험 중 추천하고 싶은 것은 문향聞香 입문이다. 문향이란 꽃꽂이, 다도와 함께 일본 전통 문화인 '향도'의 일종으로 은은한 향나무의 향에 마음을 기울이며 향을 경험하는 놀이다. 영어로도 진행되며 친절한 설명을 들으며 직접 전문 도구를 사용해 체험할 수 있다.

체크아웃을 마친 후 돌아가는 배가 출발하면 호시노야의 스태프들이 선착장에 서서 손을 흔들며 작별인사를 한다. 떠나는 순간까지 호시노야의 배려 깊은 서비스가 돋보인다.

단순히 묵는 것 이상의 경험을 제공한다

오모3 교토 도지 바이 호시노 리조트

OMO3京都東寺 by 星野リゾート

숙소도 교토스러운 곳을 선택하고 싶지만 료칸이나 교토다운 뷰의 호텔을 선택하기에는 숙박비 부담이 크다. 그런 고민을 해결해줄 숙소가 바로 오모3 교토 도지 호텔이다. 세계문화유산으로 지정된 사찰 도지의 세계관을 호텔 콘셉트에 접목시킨 곳으로, 객실에 묵는 시간 외에 라운지에서도 특별한 휴식을 보낼 수 있도록 설계되었다.
호텔 로비에 들어서는 순간 부처의 세계가 그려진 만다라 아트가 한눈에 들어온다. 숙박객들이 음식을 먹거나 담소를 나누는 로비 라운지에는 중앙에 커다란 테이블이 놓여있는데, 모래가 가득한 사경 테이블에 직접 글씨를 써보거나 그림을 그리며 차분히 마음을 가다듬을 수 있다. 라운지 옆에는 24시간 먹거리를 구입할 수 있는 셀프 서비스 코너가 있다. 교토산 사케와 맥주, 가벼운 식사와 안주류를 판매하고 있어서 잠자리에 들기 전 느긋하게 즐길 수 있다. 객실은 교토의 전통 문양과 인디고 블루 컬러, 우드를 조합해 일본스러우면서도 모던한 분위기다.
오모 호텔에 묵으면 오모 레인저가 안내하는 교토 투어에 참여할 수 있고 교토 문화를 체험하는 다양한 액티비티를 즐길 수 있다(일부 유료). 단순히 묵는 호텔에서 벗어나 교토를 느끼고 체험할 수 있는 흥미로운 곳이다.

긴테쓰 도지역에서 도보 2분
1박 3,500엔~
京都市南区西九条蔵王町11番地6
050-3134-8095
hoshinoresorts.com

OMO
Food&
Drink
Station

아트와 컬처가 있는 갤러리 호텔

호텔 안테룸 교토

Hotel Anteroom Kyoto

학생 기숙사였던 건물을 리노베이션한 호텔 & 아파트먼트. 숙박료는 이코노미 호텔급이지만, 힙한 디자인과 문화 예술 공간, 충실한 부대시설, 쾌적한 공간은 숙박료 이상의 만족감을 준다.

1층 로비에 들어서는 순간 갤러리가 있어서 여기가 호텔인가, 미술관인가 착각이 든다. 교토를 중심으로 활동하는 크리에이터들을 소개하는 기획전을 시작으로 조각가 메이와 코헤이가 디렉션을 맡은 교토의 대표적인 아티스트 그룹 샌드위치Sandwich와의 공동 프로젝트도 진행하고 있다. 오며 가며 편하게 전시를 감상하고 새로운 영감을 얻는 시간을 가질 수 있다. 이벤트 공간에서는 정기적으로 음악 이벤트와 아트 관련 토크 이벤트가 열리니 운이 좋으면 보게 될지도 모른다.

객실은 콘셉트 룸과 스탠다드 룸 2가지가 있다. 콘셉트 룸은 모두 9개로, 아티스트가 각자 1개의 룸을 맡아 디자인했기 때문에 이 세상에 단 하나뿐인 객실이다. 각자 개성이 넘치기 때문에 특별한 숙소에 묵고 싶은 사람이라면 원하는 취향대로 고를 수 있다. 스탠다드 룸은 그야말로 심플하고 미니멀한 스타일. 일부 객실에는 베란다 또는 일본정원이 딸려 있어 면적에 비해 훨씬 개방감이 느껴진다. 동네 카페 같은 분위기의 조식당, 젊은 아티스트들의 작품을 보며 위스키나 칵테일을 마실 수 있는 라운지 바를 갖추고 있어 내일의 여행을 위한 휴식을 취하기에 좋은 공간이다.

지하철 구조역에서 도보 6분
1박 5,400엔~
京都市南区東九条明田町7番
075-681-5656
www.uds-hotels.com/anteroom/kyoto/

AR
ANTEROOM

교토에 처음 간다면 알아야 할 것들

비지트재팬 웹 등록

일본 입국 수속 온라인 서비스인 비지트재팬 웹. 등록이 필수는 아니지만, 출국 전 미리 등록해두고 입국 심사와 세관 신고 QR코드를 받아 이미지로 저장해두면, 입국 서류를 종이로 적을 필요가 없고 공항에서 입국 심사 받는 시간을 조금이라도 줄일 수 있다. 물론 등록하지 않았다면 기내에서 승무원에게 입국 심사용 종이 서류를 받아 작성해도 된다.

비지트재팬 웹 vjw-lp.digital. go.jp/ko

공항에서 교토로

교토로 가는 가장 빠르고 편한 방법은 JR 특급 열차 하루카를 타는 것. 공항에서 교토역까지 1시간 20분 걸리고, 1시간 간격으로 출발한다. 티켓은 일본에서 사면 편도 3,640엔으로 비싸지만, 한국 여행사에서 판매하는 하루카 할인 바우처를 사면 편도 2,200엔으로 훨씬 저렴하다.

구입한 바우처는 반드시 티켓으로 교환해야 한다. 준비물은 바우처의 QR코드와 여권. 간사이공항에 도착해 JR 역의 초록색 자동발권기에서 예약한 승차권을 먼저 수령한 후, 그 티켓을 가지고 발권기에서 지정석 예약을 한번 더 진행하면 된다.

시내교통

교토 시내에서 가장 많이 이용하는 것이 시 버스(230엔~), 그 다음이 지하철(220엔~)이다. 교토 남부의 우지나 후시미로 간다면 게이한 전철, 서부의 아라시야마로 간다면 한큐 전철이나 JR 열차, 북부의 이치조지로 간다면 에이잔 전철, 북부의 오하라, 기후네 신사 등으로 간다면 교토버스를 탄다.

가려는 지역에 따라서 교통수단이 다양하기 때문에 매번 표를 사거나 현금을 내는 것도 번거로운 일. 일본의 티머니 같은 교통카드 IC카드(이코카, 스이카, 파스모 등)를 구입해 충전해 가며 사용하는 것이 편하다. 교통카드만이 아니라 편의점, 백화점, 일부 상점과 식당에서 결제수단으로도 사용할 수 있다. IC카드는 지하철이나 전철역 자동발매기에서 구입 및 충전하며, 아이폰과 애플페이 이용자라면 모바일 카드를 등록 및 충전할 수도 있다. 충전의 경우 편의점에서도 가능하다.

IC카드는 지하철이나 전철 개찰기 상단에 터치하면 되고, 모바일 IC카드는 가까이 가져가면 바로 인식이 된다. 버스도 리더기에 IC카드를 터치하면 되는데 반드시 탈 때와 내릴 때 모두 해야 하는 걸 잊지 말자. 탈 때 터치하지 않으면 내가 이동한 구간 요금을 알 수 없기 때문에, 실제 요금보다 더 많이 내야 할 수도 있다.

교통 패스

교토만 여행한다면 딱히 교통 패스를 구입할 필요는 없다. 지하철·버스 1일 승차권(성인 1,100엔, 어린이 550엔)이 있지만, 하루 5번 이상 타야 이득이다. 오사카, 고베, 나라 같은 주변 도시를 함께 여행한다면, 간사이스루패스나 간사이와이드패스를 고려해볼 수도 있지만, 최근 패스 가격이 꽤 올랐기 때문에 본전을 뽑을 수 있을지 따져볼 필요가 있다.

날씨

내륙 깊숙이 자리한 교토는 대구처럼 분지 지형이라 한여름은 매우 덥고 습해 여름에 여행한다면 각오를 단단히 해야 한다. 겨울은 우리나라에 비해 온난한 편인데 눈은 꽤 자주 오는 편이다.

가장 인기 있는 여행 시기는 벚꽃과 단풍철. 보통 교토의 벚꽃 개화시기는 3월 마지막 주~4월 첫 주. 하지만 최근 기후 변화로 인해 개화가 빨라지는 경우도 있다. 단풍 시기는 대개 11월 중순~12월 초.

숙박 지역

가장 인기 있는 숙박 지역은 교토 최고의 교통 요지이자 번화가인 JR 교토역 주변과 한큐 교토카와라마치역 주변이다. 교토역 주변은 공항 교통이 편한 것이 장점이며, 한큐 교토카와라마치역 주변은 쇼핑과 맛집이 많은 것이 장점이다. 관광 명소들과 가까운 기온은 전통 가옥을 활용한 숙소가 많고 게스트하우스부터 특급 호텔까지 선택지가 다양하다.

숙박세

숙박 요금과 별개로 체크인을 할 때 숙박세를 내야 한다. 교토는 1인 1박 기준 요금 2만 엔 미만일 때 200엔, 2만 엔 이상 5만 엔 미만일 때 500엔, 5만 엔 이상일 때 1,000엔의 숙박세가 부과된다.

식당 예약

인기 식당이라면 예약하는 것이 안심할 수 있다. 저녁은 물론이고 점심을 예약해야 하는 곳들도 있다. 구글맵에서 식당을 검색하면 '예약하기' 메뉴가 뜬다. 구글맵에서 바로 예약이 되는 곳도 있고, 예약 사이트로 연결되기도 한다. 요즘은 한글,

영어로 나오는 경우가 많아 예약이 어렵지 않다. 구글맵 정보에 '예약하기' 메뉴가 없는 식당은 전화나 방문 예약을 해야 하거나 아예 예약을 받지 않는 식당이다.

면세

면세가 가능한 곳은 백화점, 쇼핑몰, 전자제품몰, 돈키호테, 대형 드럭스토어 등으로, Duty Free 또는 Global Duty Free 마크가 붙어있는 곳에서 받을 수 있다. 일본의 소비세는 10%(술, 외식을 제외한 식품, 음료는 8%)이다. 외국인이 소비세 포함 5,500엔 이상 구입하면 면세를 해주며, 여권 원본이 반드시 필요하다.

돈키호테나 드럭스토어, 전자제품몰 등은 계산대에서 바로 면세 수속을 해주는데, 백화점과 일부 쇼핑몰은 별도의 면세 수속 카운터에서 일괄 처리해준다. 이때 여권 원본, 영수증, 구입 물품을 소지해야 하며, 현금이나 본인 명의 신용카드로 당일 구입한 물품만 면세를 받을 수 있다.

에티켓과 팁

교토에는 사찰 외에 많은 신사들이 있고 모시는 신도 매우 다양하다. 일부 신사는 우리의 역사 의식에 반하는 신을 숭배하는 곳도 있을 수 있으니 되도록 참배는 삼갈 것. 경내를 둘러보는 것으로 충분하다.

만약 길에서 게이코, 마이코를 만난다면 몰래 사진 찍지 말고 촬영해도 되는지 물어볼 것. 대개는 흔쾌히 허락해준다. 개중에는 관광객이 기념 삼아 게이코 분장을 한 경우도 있어 헷갈릴 수도 있다.

천천히 교토 산책

초판 1쇄 발행 2024년 2월 1일

지은이 원경혜

주간 이동은
책임편집 김주현
편집 성스레
미술 강현희
마케팅 사공성 한은영
제작 박장혁 전우석

발행처 북커스
발행인 정의선
이사 전수현

출판등록 2018년 5월 16일 제406-2018-000054호
주소 서울시 종로구 평창30길 10
전화 02-394-5981~2(편집) 031-955-6980(마케팅)
팩스 031-955-6988

ISBN 979-11-90118-63-7 (13980)

- 북커스(BOOKERS)는 (주)음악세계의 임프린트입니다.
- 값은 뒤표지에 있습니다.
- 파본이나 잘못된 책은 구입하신 서점에서 교환해 드립니다.